材料学シリーズ

堂山 昌男　小川 恵一　北田 正弘
監　修

材料の組織形成
材料科学の進展

宮﨑 亨 著

内田老鶴圃

本書の全部あるいは一部を断わりなく転載または
複写（コピー）することは，著作権および出版権の
侵害となる場合がありますのでご注意下さい．

材料学シリーズ刊行にあたって

　科学技術の著しい進歩とその日常生活への浸透が 20 世紀の特徴であり，その基盤を支えたのは材料である．この材料の支えなしには，環境との調和を重視する 21 世紀の社会はありえないと思われる．現代の科学技術はますます先端化し，全体像の把握が難しくなっている．材料分野も同様であるが，さいわいにも成熟しつつある物性物理学，計算科学の普及，材料に関する膨大な経験則，装置・デバイスにおける材料の統合化は材料分野の融合化を可能にしつつある．

　この材料学シリーズでは材料の基礎から応用までを見直し，21 世紀を支える材料研究者・技術者の育成を目的とした．そのため，第一線の研究者に執筆を依頼し，監修者も執筆者との討論に参加し，分かりやすい書とすることを基本方針にしている．本シリーズが材料関係の学部学生，修士課程の大学院生，企業研究者の格好のテキストとして，広く受け入れられることを願う．

監修　　堂山昌男　小川恵一　北田正弘

「材料の組織形成」によせて

　材料の特性は材料本来の物理，化学的性質に加え，材料の微細組織に強く支配されている．材料の熱処理はその一例である．

　著者は微細組織に関わる相変態論と材料強度の第一人者であり，本書を本シリーズに執筆していただけたことは誠によろこばしい．

　微細組織制御は複雑な過程であり，その中核は拡散律速過程である．著者は組織自由エネルギー論を展開し，組織制御の系統的扱いに成功している．この分野に挑戦しようとする読者にとって，本書は分かりやすい入門書になっている．

　関連参考書には著者自身による講義ノート：材料組織形成とその理論(日本金属学会「まてりあ」，53 巻(2014)，No. 8-No. 12)，また本シリーズには小山敏幸：材料設計計算工学 計算組織学編，榎本正人：金属の相変態，小岩昌宏，中嶋英雄：材料における拡散がある．

堂山昌男

まえがき

　材料のさまざまな特性は，材料を構成する相自体の特性に依存するが，それと共にそれらの各相が入り混じって形成する複雑な微細組織によって材料の諸特性は大きく影響される．したがって，さまざまな組織がどのような過程で形成されてきたかを知り，これを制御することはきわめて重要なことである．そのため，古くから膨大な実験と理論的追求が主に金属材料について行われてきた．その結果，材料組織学は一応の体系をなしたが，その後の基本的な進展はあまりないように思われる．

　教科書の内容も数十年前と原理的にはほとんど変わらないように思われている．しかしながら，その間，分野によっては，新しい視点から組織形成現象の解析が行われてきており，最近はフェーズフィールド法など新しい分野が大きく進展している．これらの進展は，従来の金属学分野のみではなく，その周辺を取り巻く新材料分野や材料科学に携わっている広範囲の専門分野の研究者によって進展してきた．

　本書は，学生，大学院生や若い技術者を念頭に材料科学，特にその中心の1つである組織形成のさまざまな過程を実験的に示すと共に最近の理論に基づいて解説し，さらに現在の理論では説明できない実験結果も示し，組織形成理論における未解決な問題点を指摘するつもりである．本書では，材料組織学の初歩の内容は簡単に説明し，最近の進展領域を重点的に説明し，さらに，今後の発展方向にまで視点を伸ばせるように記述した．したがって，本書では，「初歩の熱力学はある程度理解できており，それに関連して状態図(相図)は理解できる」ものとして，材料組織の形成過程とその基礎的理論およびそれに関連する実験結果を記述する(状態図についてさらに知りたい方は第1章，参考書を見ていただきたい)．

　内容的には現在の研究レベルの現象や理論についても解説が含まれている

が，複雑な数式を展開するのではなく，その意味するところが理解できるように努めた．

2016 年 7 月

宮﨑　亨

目　　次

材料学シリーズ刊行にあたって

「材料の組織形成」によせて

まえがき……………………………………………………………………………………iii

第1章　組織自由エネルギー …………………………………………1

1.1　組織自由エネルギーと組織変化過程………………………………………… 1

1.2　固溶体の化学的自由エネルギー…………………………………………… 3

1.3　規則格子の自由エネルギー………………………………………………… 4

1.4　弾性歪エネルギー…………………………………………………………… 5

1.5　界面エネルギー……………………………………………………………… 6

1.6　弾性歪エネルギーによる状態図への影響………………………………… 7

1.7　不均一場におけるエネルギーの取り扱い………………………………… 8

第2章　析出相の核生成理論 ………………………………………11

2.1　化学的自由エネルギーと相分解の概説…………………………………… 11

2.2　明瞭な界面を持つ新相形成の核生成理論(古典的均一核生成理論)……13

2.3　界面が連続的な濃度分布を持つカーンとヒリアードの核生成理論……18

第3章　スピノーダル分解による組織形成 ………………… 23

3.1　スピノーダル分解の概説…………………………………………………… 23

3.2　カーンの線形スピノーダル分解理論……………………………………… 24

3.3　非線形スピノーダル分解理論……………………………………………… 27

3.4　種々の材料におけるスピノーダル分解とその応用………………………31

vi 目　　次

第4章　析出物の安定形状と結晶学的配向 ………………………… 37

4.1　析出粒子の安定形状 ……………………………………………38

4.2　析出粒子の安定形状および非整合化の影響 …………………41

4.3　析出粒子の配向と配列 …………………………………………43

第5章　組織の粗大化と分岐現象およびその総合的解析 ………… 49

5.1　析出物の粒径と平衡濃度 ………………………………………49

5.2　オストワルド成長 ………………………………………………51

5.3　弾性拘束系における析出粒子の成長の分岐 …………………54

第6章　原子の相互拡散と組織形成 …………………………………… 67

6.1　相互拡散と自己拡散 ……………………………………………67

6.2　相互拡散係数とカーケンドールの解法 ………………………69

6.3　自由エネルギーの要請下における相互拡散 …………………72

第7章　フェーズフィールド法による組織形成シミュレーション … 81

7.1　まえがき …………………………………………………………81

7.2　フェーズフィールド法の基本概念 ……………………………82

7.3　フェーズフィールド法の理論と計算法 ………………………84

7.4　種々の合金におけるシミュレーション結果 …………………86

第8章　組成傾斜時効法の開発と析出線極近傍の核生成 ………… 93

8.1　まえがき …………………………………………………………93

8.2　組成傾斜時効法の開発 …………………………………………94

8.3　マクロ濃度勾配法（MCG）の成立要件 ………………………97

目　　次　vii

8.4　組成傾斜合金の時効による組織変化……………………………………… 102

8.5　析出線近傍における核安定性の検証……………………………………… 104

8.6　核生成の速度論的検討……………………………………………………… 109

8.7　析出線近くの巨大核の形成と熱力学的問題点…………………………… 114

索　　引………………………………………………………………………………… 119

1

組織自由エネルギー

1.1　組織自由エネルギーと組織変化過程

　金属合金，セラミックス，高分子などいずれの材料においても，相変態を利用して，内部に微細組織が形成されている．それにはゾーンや中間相，最終安定相などさまざまな析出相があり，さらにそれらの形状や相対的配列など実に多種多様で，それらによって材料の物理的性質，化学的性質，さらには機械的性質などが大きく左右される．したがって，材料中の微細組織を制御することはきわめて大切で，材料の微細組織の成因を知り，それを制御することは材料科学の重要な課題である．

　組織には，新相の自由エネルギー，新相が形成されることによる弾性歪の発生，新しい界面の形成など新しい自由エネルギー等が内在する．この組織の有する全自由エネルギーを組織自由エネルギーと言う．

　組織の変化過程を定量的に理解するためには，微細な内部組織を含む合金全体の自由エネルギー，すなわち，組織自由エネルギー[1] G_{sys} を知ることが基本である．なぜなら，組織はこの組織自由エネルギーができるだけ速く減少する過程に沿って変化するからである．

　組織自由エネルギー G_{sys} は次式のように記述される．

$$G_{sys} = G_c + E_{surf} + E_{str} + \cdots \tag{1.1}$$

ここで，エントロピーが関与しているエネルギーは記号 G を，エンタルピーのみの場合は記号 E を用いることにする．上式の各エネルギーは下記のようである．G_c は原子間結合エネルギーからなる合金全体の化学的自由エネルギー，E_{surf} は組織が形成されたことに起因する界面エネルギー，E_{str} は組織形成にともなう弾性歪エネルギーである．その他，磁気エネルギー，電磁気エ

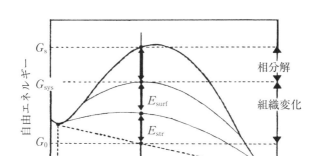

図 1-1 相分解および組織形成過程における組織自由エネルギー変化.

ネルギー，さらには外部応力に起因する力学的エネルギー，その他，相分解に関与するエネルギーが加算される．このように，組織形成に起因する付加的なエネルギーと化学的自由エネルギーの和が組織自由エネルギーである．これらのエネルギーの内，化学的自由エネルギー $G_c(<0)$ が相変態を起こす駆動項で，他のエネルギーは，多くの場合，正のエネルギーであり，変態を阻止しようとする抑止項である．したがって，抑止項の和をできるだけ小さくして，G_{sys} ができるだけ迅速に減少する組織を形成する．G_{sys} の評価が組織形成過程を考慮する際の基本となり，正確に評価することが大切である．

次に，各エネルギー項が組織自由エネルギーにどのように加算されるかを簡単に説明する．ここでは，G_c，E_{str}，E_{surf} のみを取り上げ，相分解にともなう各エネルギー変化を図 1-1 に模式的に示す．平均組成 c_0 の過飽和固溶体が組成 c_1 と c_2 の 2 相に相分解した場合，化学的自由エネルギーのみを考慮すると G_s から G_0 まで減少すると考えられている．しかし，実際には，相分解による新相の形成により，弾性エネルギー E_{str} や界面エネルギー E_{surf} が発生し，組織としてはエネルギー G_0 ではなくて，G_{sys} までしか減少しない．残りの $(G_{sys} - G_0)$ は相分離後の析出物の凝集粗大化や非整合化などの組織変化の過程で減少する．したがって，組織自由エネルギーを考慮することにより，相分離過程のみならず，その後の組織変化の経過に至るまで統一的に取り扱うこ

1.2 固溶体の化学的自由エネルギー *3*

とができる．組織自由エネルギーは相変態過程や組織形成過程を扱う際の最重要なものである．

1.2 固溶体の化学的自由エネルギー

温度 T における A-B 2 元固溶体の自由エネルギー G_c は以下のように与えられる．

$$G_c = (1/2) NZ(c_A V_{AA} + c_B V_{BB} + 2c_A c_B V)$$
$$+ NkT(c_A \ln c_A + c_B \ln c_B) \tag{1.2}$$

式(1.2)の右辺第 1 項は内部エネルギー項，第 2 項は原子の配置のエントロピー項である．この式の導出はどの熱力学入門書にも書かれており，そちらを参照されたい．式(1.2)において，T は温度，N は原子数，c_A と c_B は濃度，原子配位数を Z，V_{AA} と V_{BB} は A-A 原子対および B-B 原子対の結合エネルギー，V は交換エネルギー(interchange energy)と呼ばれ，$V = V_{AB} - (V_{AA} + V_{BB})/2$ である．$(1/2) ZNV_{AA} \equiv G_A$，$(1/2) ZNV_{BB} \equiv G_B$，$Nk \equiv R$(気体定数)，$ZNV \equiv \Omega_{AB}$ と書き換えて，最終的に自由エネルギーは次式にて表される．

$$G = G_A c_A + G_B c_B + c_A c_B \Omega_{AB} + RT\{c_A \ln c_A + c_B \ln c_B\} \tag{1.3}$$

G_A と G_B は A 金属と B 金属の各原子をばらばらにするために必要なエネルギーで，A 金属と B 金属の昇華熱(heat of sublimation)である．式(1.3)の右辺第 3 項は A，B 原子を混合したことによって発生する内部エネルギー変化で混合自由エネルギー(mixing free energy)と呼ばれる．Ω_{AB} は最近接原子間相互作用パラメータ(the nearest neighbor interaction parameter)で，$\Omega_{AB} > 0$ のとき，すなわち $2V_{AB} > (V_{AA} + V_{BB})$ のときは同種原子が集合する傾向を持ち，$\Omega_{AB} < 0$ のときはその逆で異種原子が混じり合って固溶体や規則格子を形成する傾向にある．$\Omega_{AB} = 0$ の場合はそのような強制力は働かず，理想溶体(ideal solution)と言う．

組成 c_0 の合金が温度 T で c_1，c_2 の 2 相に相分解したときの組織 1 mol 当りの化学的自由エネルギー G_0 は，式(1.3)の固溶体の自由エネルギーを用い

4　第 1 章　組織自由エネルギー

て，重み付き平均の式(1.4)で与えられる．

$$G_0 = [G(c_1, T)(c_2 - c_0) + G(c_2, T)(c_0 - c_1)]/(c_2 - c_1) \qquad (1.4)$$

T は絶対温度，c_1，c_2 は 2 相の B 原子濃度である．

1.3　規則格子の自由エネルギー

　固溶体の相互作用パラメータ Ω が負で，異種の原子対を作りやすい場合，規則格子(super lattice)を形成する場合がある．規則格子は異種原子が互いに隣合わせに規則的に配列している構造で，たとえば FeAl(B2 構造)のように体心立方格子の角の位置を Fe 原子が占め，体心の位置を Al 原子が占めることにより，Fe と Al 原子はすべて最近接原子が異種原子となっている．このような構造を規則格子と言う．もちろん，上記の場合は最も理想的な場合であって，一般には原子数の過不足や熱振動などにより，すべての原子に対して上記の関係が成立しているとは限らず，同種原子同士が隣あって同種原子対を作っている場所もある．このような，どの程度規則化しているかを表すパラメータを，規則度(order parameter)と言う．規則格子は，無秩序な原子配置に比較して，原子配置に制約を受け，取り得る原子配置の仕方の数が少ないので，不規則固溶体よりも配置のエントロピーが小さく高温で不安定である．したがって，温度を上げると無秩序(不規則)固溶体に転移する場合がしばしばある．これを秩序‐無秩序変態(order-disorder transformation)という．規則格子を形成する固溶体の相互作用パラメータ Ω は負なので，不規則固溶体の自由エネルギー曲線は下に凸であるが，ある組成の固溶体が規則化すると規則化による過剰エネルギー(負値)が加算され，**図 1-2** に示すように，不規則固溶体の自由エネルギー曲線からその分だけ垂れ下がる．規則化による自由エネルギーが大きく下がると，図に示すように，規則相と不規則固溶体の間あるいは規則相と別種の規則相の間で相分離が生じる場合がある．この場合でも，この 2 相分離域には微細組織が形成されるので，図 1-1 に示した組織自由エネルギーを考慮しなければならない．

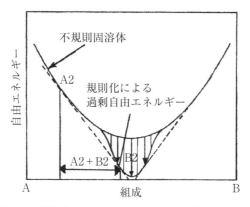

図1-2 規則化による自由エネルギー変化と相分離.

1.4 弾性歪エネルギー

 地相とは異なる弾性係数をもつ析出物が地相中に存在している不均質系(inhomogeneous system)の弾性歪エネルギーは次式で与えられる[2].

$$E_{\mathrm{str}}(\rho) = (1/2)\int \sigma_{ij_{ji}}\varepsilon_{ij}\,dv \tag{1.5}$$

析出粒子の形状を回転楕円体で近似すると,上式は析出物の単位体積当たり,次式のように簡単になる.

$$E_{\mathrm{str}} = -(1/2)f(1-f)\sigma_{ij}^{I} e_{ij}^{T^*} V_{\mathrm{m}} \tag{1.6}$$

析出によって濃度変化が生じれば,析出相と地相の格子定数が変化して弾性歪が発生する.式(1.5),(1.6)については第4章を参照のこと.

 f は析出相の体積分率,V_{m} は組織のモル体積,σ_{ij}^{I} は無限の母相中に存在する1個の析出粒子の内部応力,$e_{ij}^{T^*}$ はアイゲン(eigen)歪(変態歪とも言う)で析出相と母相間の格子ミスマッチに相当し,$e_{ij}^{T^*} = \varepsilon(c_2 - c_1)\delta_{ij}$,$(\varepsilon = (a_{\mathrm{p}} - a_{\mathrm{m}})/a_{\mathrm{m}})$,で記述される.$\delta_{ij}$ はクロネッカーのデルタで $i = j$ のとき1,$i \neq j$ のとき0の値をとる.

1.5 界面エネルギー

界面エネルギーが結晶方位に対して等方的である場合，組織の単位体積中に存在する析出物と母相間の全界面積を $A(f, L)$ とすれば，組織 1 mol 当たりの界面エネルギー E_{surf} は式(1.7)で表される．

$$E_{\text{surf}} = A(f, L) \gamma_{\text{s}} V_{\text{m}} \tag{1.7}$$

γ_{s} は界面エネルギー密度(interfacial energy density)である．地相と析出相の濃度を c_1 および c_2 として，界面が整合な場合の界面エネルギー γ_{s}^c は $\gamma_{\text{s}}^c = \gamma_{\text{s}}(c_2 - c_1)^2$ で与えられる．また界面が非整合な場合は，$\gamma_{\text{s}}^i = \gamma_{\text{s}}$ である[5]．A は析出物の体積分率 f と最近接の析出粒子間距離 L の関数として近似的に次式のように与えられる．k は定数である．

$$A(f, L) = kf(1-f)/L \tag{1.8}$$

ここで，取り扱われている界面は整合であれ，非整合であれ，界面で濃度が不連続に変化するシャープな界面を前提としている．この仮定は時効後期のような明瞭な界面が形成されている場合はほぼ成立する．しかしながら，時効の進行と共に界面エネルギーは連続的に変化し，少なくともなだらかな界面を経由して析出核が形成される時効初期では式(1.8)を使用することはできない．この点については第2章，2.3節で詳しく記述する．

以上より，組織自由エネルギー G_{sys} は各エネルギーの総和として求められる．G_0，E_{str} および E_{surf} はいずれも分離した2相の濃度に依存するため，G_{sys} は c_1 と c_2 によって変化し，E_{str} と E_{surf} は $f(1-f)$ に比例する．

組織形成過程の各段階において G_{sys} は常にその状態での最小値をとると考えられる．したがって，パラメータ L，γ_{s}^c，γ_{s}^i および合金組成 c_0 を固定し，c_1，c_2 を独立に変化させて G_{sys} を最小化することによって，その組織に対する組織自由エネルギーが求められ，このときの c_1 と c_2 がその条件下における2相の平衡組成である．

前出の図 1-1 はそのようにして算出した各エネルギーの組成に対する変化を

1.6 弾性歪エネルギーによる状態図への影響　7

図形的に示したものである．E_{surf} と E_{str} はいずれも正のエネルギーで相分解を阻止しようとする働きをもっている．したがって，これらのエネルギーが小さくなるような析出粒子の形状や界面構造をとろうとする．

1.6　弾性歪エネルギーによる状態図への影響

　析出ゾーンの格子定数が溶質濃度に比例して膨張収縮する最も単純な相変態を考える．濃度変動 $(c - c_0)$ による弾性歪エネルギー変化 E_{str} は次式で与えられる[3]．

$$E_{str} = \eta^2 Y_{\langle hkl \rangle}(c - c_0)^2 \tag{1.9}$$

$Y_{\langle hkl \rangle}$ は $\langle hkl \rangle$ 方向の弾性率である．

$$G(c) = \int [G_V(c) + \eta^2 Y (c - c_0)^2] dV \tag{1.10}$$

ここで，η は溶質による格子の膨張係数 $(\eta = a(\partial a/\partial c))$ で，格子膨張係数または濃度膨張係数と呼ばれる．弾性歪エネルギーを加算することによって，状態図の相分離領域は縮小する．このことは，濃度に対する 2 次曲線である $\eta^2 Y (c - c_0)^2$ が，化学的エネルギー $G_V(c)$ に加算された状態を図形的に考えれば，容易に理解できるであろう．具体的に状態図上では，**図 1-3** のように示される．カーン(Cahn)によれば[3]，弾性歪エネルギーによって低温側へ押し下げられる温度変化分 ΔT は，中央組成で

$$\Delta T = \eta^2 E/2(1 - \nu) R \tag{1.11}$$

となる．ΔT は主として，η の大小によって左右される．**表 1-1** にいくつかの合金系における η と ΔT の関係を示す．表に見るように，Au-Ni 系では $\Delta T = 2000$ K であり相分解は整合状態では完結しない．なお，このような弾性歪エネルギーは相分解によって形成された溶質の高濃度域と低濃度域が結晶学的に整合な場合に生じるので，図 1-3 の低温へ押し下げられたバイノーダル線を整合バイノーダル線(coherent binodal line)または整合析出線，スピノーダル線

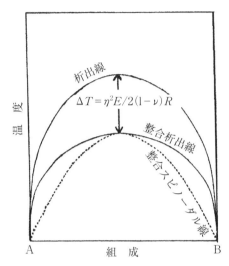

図 1-3　整合歪エネルギーによる状態図の変化.

表 1-1　格子ミスマッチ η の異なる 3 合金の押下げ温度.

合金系	$\eta(=(a_p-a_m)/a_m)$	ΔT(K)
Al-Zn	0.0257	40
Au-Pt	0.038	200
Au-Ni	0.15	2000

を整合スピノーダル線(coherent spinodal line)と呼ぶ. これに対して両相が結晶学的に非整合で弾性歪が生じない場合を, 純粋に化学的な状態図と言う意味で化学析出線および化学スピノーダル線(chemical spinodal line)と呼ぶ.

1.7　不均一場におけるエネルギーの取り扱い

　以上の取り扱いは, 場所によって各エネルギーが変動していることを無視し, 組織を平均の値を持つ粒子のみで構成されていると仮定していることになる. 実際の合金中の組織は不均一であるから, 組織エネルギーは場所によって

1.7 不均一場におけるエネルギーの取り扱い　9

異なる．したがって，不均一場のエネルギーを算出するには，均一と見なせる
小領域に分割し，それぞれの組織エネルギーを算出し，それを積算することに
よって合金全体のエネルギーを算出する．

化学的自由エネルギー G_c は，固溶体の化学的自由エネルギーを組織全体に
ついて積分することによって与えられる．

$$G_c = \int [G(c_B, T)] d\mathbf{v} \tag{1.12}$$

界面エネルギーは小領域の濃度勾配の2乗を組織全体に対して積分しなけれ
ばならない．これに関しても第2章，2.3節で詳しく述べる．

$$E_{surf} = \int [K(\nabla c)^2] d\mathbf{v} \tag{1.13}$$

ここで，K は定数である（式(2.6)参照）．式(1.13)は濃度変動による化学自由
エネルギーの過剰項である[3]．

弾性歪エネルギー E_{str} についても均一と見なせる小領域で計算し，これら
を積算する．

このように，不均一場の取り扱いはきわめて複雑で，計算機の助けをかりな
ければ，多くの場合，解を得ることが不可能である．したがって，本書では，
不均一場での取り扱いは非線形スピノーダル分解やフェーズフィールド法での
み取り扱い，多くの組織形成については平均場理論の取り扱いを行う．これは
組織を平均化し，ある場所で生じていることがどの場所でも生じているとする
ものである．実際の組織は平均的な値を挟んでゆらいでいるので，この方法は
不均一場の取り扱いとしては，正しくはないが，各過剰エネルギー項の働きを
理解しやすい．

文　　献

（1）　T. Miyazaki and T. Koyama : Meter. Sci. & Eng., **A138**(1991), 151.

（2）　森勉：日本金属学会会報，**17**(1978), 821, 920, **18**(1979), 37.

（3）　J. W. Cahn : Acta Metall., **9**(1961), 795.

参　考　書

熱力学の基礎

久保亮五：熱力学・統計力学，裳華堂(1961).

西澤泰二：ミクロ組織の熱力学，日本金属学会(2005).

清水　明：熱力学の基礎，東京大学出版会(2007).

状態図の基礎

西澤泰二：ミクロ組織の熱力学，日本金属学会(2005).

坂　公恭：状態図入門，朝倉書店(2012).

2

析出相の核生成理論

2.1 化学的自由エネルギーと相分解の概説

過飽和固溶体の相分解過程には，従来，スピノーダル分解と核生成-成長型分解の2つの分解形式があるとされてきた．しかしながら，最近の研究から基本的には区分する必要はないと考えられようになってきた．しかしながら，形成される組織は両者でかなり異なっていること，および従来の研究報告や教科書が従来の考え方の上に書かれているので，この書籍でもそのように別々に記載することにする．問題点についてはその都度取り上げることにする．最後に，なぜこのようになったかについても記述する．

図 2-1 は典型的な相分離型の状態図とその自由エネルギー曲線である．この図を用いて相分解過程を考えてみよう．いま，合金組成 c_0 が図 2-1（a）のように，高濃度域にあれば，c_0 が c_1 と c_2 に相分解すれば自由エネルギーは G_0 から G_1 へ減少し，その微小濃度ゆらぎは安定化する．このようにして c_3 と c_4 にまで濃度は到達する．この間，化学的自由エネルギーは減少するのみでエネルギー障壁はない．このような分解をスピノーダル分解（spinodal decomposition）と言う．

一方，合金組成が低濃度の場合には，図 2-1（b）のように，系の自由エネルギーは一時的に増加しなければならない．たとえば，c_0 が c_1 と c_2 に分解すると自由エネルギーは G_0 から G_1 に増加する．したがってこのような分解は不安定であり，熱ゆらぎによって濃度変動が生じたとしても，それは安定には存在せず消滅するであろう．つまり組成を徐々に変えていくような連続的な相分解は非常に困難である．このような場合には，その組成における相分解が正の駆動力をもつ濃度，すなわち組成 c_0 における自由エネルギー曲線 G_α の接線 $(\partial G/\partial c)$ が G_α より高くなる組成範囲の相をいきなり析出すると考えられてい

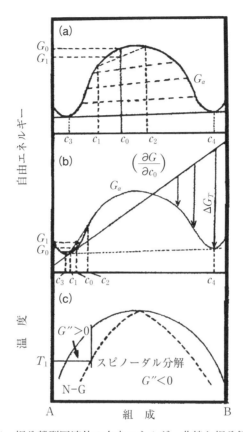

図 2-1 相分離型固溶体の自由エネルギー曲線と相分解機構.

る.この関係を図 2-1(b)に示した.矢印は各組成の単位体積当たりの駆動力 ΔG_T の大きさを示す.したがって,この場合には最終平衡組成に近い析出物の核がいきなり形成されることになり,形成された析出物の核は,その後の時効によって組成を大きく変えることなくサイズのみ増加させる.この形式の相分解は核形成-成長型分解(N-G 分解)と呼ばれている.この 2 つの分解形式は自由エネルギー濃度曲線の変曲点 $(\partial^2 G/\partial c^2)=0$ で分けられ,$(\partial^2 G/\partial c^2)<0$ の領域でスピノーダル分解が生じ,$(\partial^2 G/\partial c^2)>0$ の範囲で N-G 分解が生じ

2.2 明瞭な界面を持つ新相形成の核生成理論（古典的均一核生成理論）

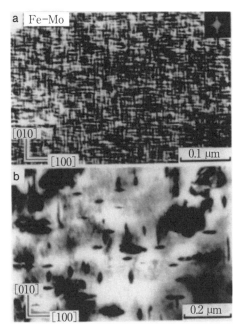

図 2-2 Fe-20 at%Mo 合金のスピノーダル分解（a）と核生成-成長型分解（b）の透過電子顕微鏡組織.

る．この2つは組織として大きな違いがある．図 2-2 は Fe-Mo 合金のスピノーダル分解（a）と N-G 分解（b）の透過電子顕微鏡写真であるが，同じ合金でも前者が細かい周期構造であるのに対し，後者は粗い組織になっている．

2.2 明瞭な界面を持つ新相形成の核生成理論（古典的均一核生成理論）

過飽和固溶体から析出核が形成される機構については，組織形成の基本現象であるから，古くから数多くの実験結果と理論的追求がある．それらを大別すると，「明瞭な界面の核生成を想定する古典的な核生成理論」と「界面が緩やかな濃度勾配を有する核生成理論」である．両者の主たる違いは，粒子界面の

14 第2章 析出相の核生成理論

取り扱いで，前者は析出粒子内の溶質濃度は均一で明瞭な界面を想定している
のに対し，後者では界面濃度分布は相分解の進行につれて変化する．したがっ
て，前者は時効析出の後期で明瞭な析出粒子を形成している場合にのみ適用さ
れ，時効初期の核生成段階から後期まで取り扱うには後者の取り扱いでなけれ
ばならない．現在では，このような古典的核生成理論で説明される実験結果は
ほとんどないが，これらの理論は初期の核生成理論として著名であり，核生成
の基本的考え方を示しているので，ここでは簡単にふれることにする．

（1） ボルマーとウエーバーの理論

均一核生成の速度論を最初に理論化したのはボルマーとウエーバー(Volm-
er-Weber)[4]である．その基本的概念は次のようである．「析出粒子が生ずる
原因は，結晶中の溶質原子濃度の熱的ゆらぎであり，ある瞬間に局部的に溶質
濃度が高くなった場所が，熱力学的条件を満たせば新相の核へと安定化し成長
する」．いま，地相内の半径 r の球形領域が析出相に変化すると考え，この変
化にともなう自由エネルギー変化を $\Delta G_V(<0)$ とする．新相が形成されるか
どうかは，この駆動力のみによって決定されるわけではない．母相中に新相が
形成されると必然的に界面エネルギーおよび両相間の格子面間隔の差あるいは
体積差に起因する弾性歪エネルギーが発生する．これらのエネルギーは正の値
をとるので相変態を抑止する働きを持つ．体積 V の新相が形成するためのエ
ネルギー変化は次式で示される．

$$\Delta G = V\{\Delta G_V + E(\rho)\} + S(\rho)\gamma_s \tag{2.1}$$

ここで，S は新相の表面積，γ_s は単位面積当たりの界面エネルギー，E は単位
体積当たりの弾性歪エネルギーである．新相の形状を回転楕円体で表し ρ は
軸比(c/a) で，弾性歪エネルギーや界面エネルギーは ρ の関数である．新相が
半径 r の球形で，かつ弾性歪がないと仮定すれば，式(2.1)は式(2.2)になる．

$$\Delta G = (4/3)\pi r^3 \Delta G_V + 4\pi r^2 \gamma_s \tag{2.2}$$

新相のサイズ(半径 r)に対する ΔG の変化は図2-3のようになる．ΔG の曲線
の最大値 ΔG^* は核形成のためのエネルギー障壁で，その値に対応する粒子径

2.2 明瞭な界面を持つ新相形成の核生成理論(古典的均一核生成理論)

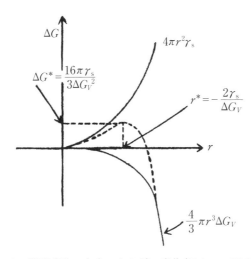

図 2-3 核形成時の自由エネルギー変化(Volmer-Weber).

r^* を臨界半径と言う.過飽和固溶体から新相が形成される場合,r^* より小さいものが局所的濃度ゆらぎによって一時的に形成されても,それは ΔG を増加させるので不安定であり析出核とはなり得ない.r^* より大きいもののみが安定な析出核となり得る.そのような安定核が形成される確率は,$\exp(-\Delta G^*/kT)$ で与えられ,r^* より小さいものをエンブリオ(embryo)と呼び,r^* より大きいものを核(nucleus)という.ΔG^* と r^* は図2-3に見るように,$\Delta G^* = 16\pi\gamma_s/3\Delta G_V^2$,および $r^* = -2\gamma_s/\Delta G_V$ で与えられる.核生成温度が高くなるか,または析出線に近い低組成合金では ΔG_V が小さくなるので ΔG^* と r^* は大きくなる.特に析出線のごく近くでは両者は急速に大きくなる.

(2) ベッカーとデューリング(Becker-Döring)の核生成理論

ベッカーらはウエーバーの理論を発展させて次のようなモデルを提出した[2].「基本的概念:エンブリオの組成と構造は析出相のそれと等しいと仮定し,エンブリオ生成による自由エネルギー変化はそのサイズにのみ依存するとした」.いま,ある温度において,図2-4のような α 相と β 相の自由エネ

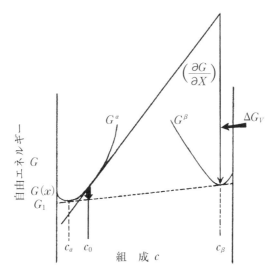

図 2-4 核の組成を固定した場合の核生成のための自由エネルギー障壁 (Becker-Döring).

ギー曲線 $G^\alpha(c)$ および $G^\beta(c)$ があるとする.合金組成 c_0 の自由エネルギー $G^\alpha(c_0)$ は不安定状態で,最終的に α と β 相の共通接線で示される c_α と c_β に分解し,G_1 の自由エネルギー状態まで変化する.$G^\alpha(c)$ と G_1 の差,すなわち図中の太矢印が $c_0 \to c_\alpha + c_\beta$ の反応を生じさせる駆動力である.通常,この駆動力は析出相 β の単位体積当たりに換算され,図中の大矢印 ΔG_V で示される.ΔG_V の大きさは図 2-4 の幾何学から容易に求められ,それに新相の界面エネルギーを加えて,新相形成にともなう自由エネルギー変化は次式になる.

$$\Delta G_V = -NV_m[G^\alpha(c_0) - G^\beta(c_\beta) + (c_\beta - c_0)(dG^\alpha(c_0)/dx)] + SZ(c_\beta - c_0)^2 V \tag{2.3}$$

ここで,N:エンブリオ内の原子数,V_m:モル体積,S:界面を形成している原子の総数,Z:界面にある原子の配位数,V は原子間相互作用エネルギーで $V \equiv V_{AB} - (V_{AA} + V_{BB})/2$ である.式(2.3)の右辺第2項は界面エネルギーである.エンブリオ内の原子数(N)と界面の原子数(S)は,エンブリオの形とサ

2.2 明瞭な界面を持つ新相形成の核生成理論(古典的均一核生成理論)

イズで与えられる．したがって，形状を表す幾何学的パラメータを p_k と記して，臨界サイズ r^* とそのときのエネルギー障壁 ΔG^* は次式にて与えられる．

$$r^* = (2/3 V_m) p_k (ZV(c_\beta - c_0)^2 / \Delta G_V)$$

$$\Delta G^* = (4/27 V_m^2) p_k Z^2 V^2 (c_\beta - c_0)^6 / \Delta G_V^2 \tag{2.4}$$

合金組成が析出線に近いと ΔG_V が小さくなるので，r^* と ΔG^* は大きくなる．

(3) ボレリウス(Borelius)の核生成理論[3]

「基本的概念：ベッカーとは逆に，エンブリオの大きさは常に一定として，その組成が析出相の組成へ連続的に変化する場合の化学的自由エネルギー変化を評価することによって，エンブリオの安定性を考察した」．この場合にはベッカーの式の c_β が変化するので，これが変数となる．$c_\beta \to c_y$ とおき，界面

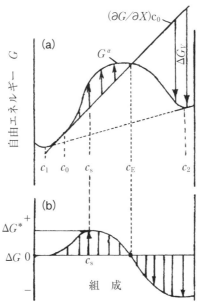

図2-5 核の溶質濃度が変化した場合の核生成のための自由エネルギー障壁 (Borelius).

エネルギー $SZ(c_\beta - c_0)^2 V$ を無視して,式(2.3)を次式のよう書き直す.

$$\Delta G_V = - NV_{\mathrm m}[G^\alpha(c_0) - G^\beta(c_y) + (c_y - c_0)(dG^\alpha(c_0))/dc] \qquad (2.5)$$

ΔG_V は核生成のためのエネルギー障壁であり,組成に対して**図2-5**(b)のように変化し,スピノーダル組成 $c_{\mathrm s}$ で最大値 ΔG^* をとる.ΔG の値は平均組成 c_0 および温度によって変化する.c_0 がスピノーダル組成 $c_{\mathrm s}$ より高濃度域にあれば ΔG は単調に減少し,核生成に対するエネルギー障壁を持たない.一方,低濃度域にあれば核形成のためのエネルギー障壁 ΔG^* が存在する.

さらに両者を結合させた理論がホブシュテッターによって提案されている.この理論では核サイズまたは濃度の一方のみでなく,両方が変化するとしてエンブリオの安定性を考察した.この場合には,核形成はエンブリオの組成と半径によって示されるエネルギーの鞍部を越して進行する.これらの値はベッカーやボレリウスの理論で与えられる値ではないが,時効温度が高温になって,析出線に近づくにつれてベッカーの場合と同様に $\Delta G^* \to \infty$ となる.逆に低温になるにつれて,ボレリウスの理論のように,ΔG^* は減少しスピノーダル温度以下では $\Delta G^* \to 0$ となる.

以上の古典的核生成理論では,いずれの理論においても,析出核は最初から明瞭な界面を持ち,地相と核の界面に不連続な濃度変化が想定されている.しかし核生成の素過程は原子の拡散であるから,原子が集合していく過程である原子面を境に溶質原子濃度が不連続に大きく変われば界面エネルギーが非常に高くなり,核生成の初期からこのようなシャープな界面を想定をすることは無理がある.この点を改良したのが有名なカーンとヒリアードの緩やかな界面に関する理論である.

2.3 界面が連続的な濃度分布を持つカーンとヒリアードの核生成理論

カーンとヒリアード(Cahn-Hilliard)[4]は析出核の界面において,先に示した理論のようなシャープな界面を仮定するのではなく,地相から析出粒子相へ濃度が連続的に変化する界面を想定し,その際,発生する化学的エネルギーの

2.3 界面が連続的な濃度分布を持つカーンとヒリアードの核生成理論 *19*

過剰エネルギーが界面エネルギーであるとした．彼らは固溶体中に組成の変動が存在する場合，単位体積当たりの組織自由エネルギー$G_V(c)$は式(2.6)で与えられるとした．ここでE_{str}は弾性歪エネルギーを無視しているが，弾性歪エネルギーを取り入れる場合には，式(2.6)の［　］内に加算される．

$$G(c) = \int [G_V(c) + K(\nabla c)^2] dV \qquad (2.6)$$

ここで，$G_V(c)$は組成cの均一小領域の単位体積当たりの化学的自由エネルギーであり，$K(\nabla c)^2$は濃度変動が存在することに起因する化学的自由エネルギーの過剰項で，$K(\nabla c)^2 > 0$である．この過剰項が生じる理由は，図2-6(b)によって理解されよう．すなわち濃度分布が曲率を持って変化している場合には，原子の周囲の溶質濃度が均一固溶体のときのそれと異なる．そのため化学的自由エネルギーに付加項が生じるのである．カーンらはこの付加エネルギーが界面エネルギーであると考えた．この考えは現在，広く受け入れられている．

　この理論ではシャープな界面は存在しない．界面エネルギーが濃度分布の関数であるから，界面エネルギーが低くなるような濃度プロファイルに自分自身を変えながら核生成が進行する．したがって，成長可能な臨界核は$G(c)$から計算されるエネルギー障壁が最も低くなるような溶質濃度分布となる．この理論による界面の濃度分布は，高温で時効した場合には比較的急勾配となり，低温時効の場合には界面はぼやけて，エネルギー障壁の小さい状態から核形成はスタートするので，エネルギー障壁は小さくなりごく初期ではほとんど零に近い．しかしながら，核生成の初期に界面エネルギーの小さい緩やかな濃度勾配をとったとしても，核形成の進行につれて核は溶質濃度を高めていき，スピノーダル組成内の相分解でない限り，やがて自由エネルギー曲線の形状自体に起因するエネルギー障壁(図2-5参照)を越さなければならない．このエネルギー障壁の大きさはボレリウスのエネルギー障壁に近い．このことは，第8章で詳しく述べるが，ギブス-ボルツマン(Gibbs-Boltzmann)の自由エネルギー式で核生成を説明する困難性を示すものである．

　カーンとヒリアードの理論によって新相形成時の界面エネルギーの算出が初

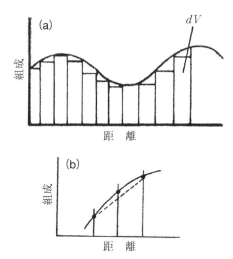

図 2-6　濃度変動場における固溶体自由エネルギーと界面エネルギーの説明図 (Cahn-Hilliard).

期過程から可能となり，核生成理論，スピノーダル分解理論，組織自由エネルギーの算出，さらにはフェーズフィールド法の発展など最近の組織学の発展に大きな貢献をなしている．

文　　献

（1）　M. Volmer and A. Z. Weber : Physik Chem., **119**(1925), 277.

（2）　R. Becker and W. Döring : Ann. Phys., **24**(1935), 719.

（3）　G. Borelius : Ann. Phys., **28**(1937), 507.

（4）　J. W. Cahn and J. E. Hilliard : J. Chem. Phys., **31**(1959), 688.

参　考　書

P. Haasen : Phase Transformations in Materials, in vol 5 of Materials Science and Technology, VCH Verlagsgesellschft D-6940 Weinheim(1991).

3

スピノーダル分解による組織形成

3.1 スピノーダル分解の概説

　スピノーダル分解は，比較的濃度の高い合金で生じる典型的な相分解であり，決して特殊な分解機構ではない．金属・合金は原子配置の仕方が多く，配置のエントロピーが大きいが，セラミックスや高分子では，分子配列のため，原子配列に制限がありエントロピーが小さい．そのため，これらの物質では，自由エネルギーがエンタルピー主体となり，相分離はスピノーダル型の相分解を生じる場合が多い．そのため，従来からの金属材料のみならず，ガラス，GaAsInP に代表される混晶半導体，セラミックス，高分子材料にいたるまでスピノーダル分解が利用されており，材料科学に携わる者にとっては魅力ある研究課題である．本章では，このようなスピノーダル分解について，まずその概念と自由エネルギー的考え方，さらには非線形な部分をも含めた動力学について概説し，ついで，後半では種々の材料でのスピノーダル分解の実例を紹介する．

　合金の組成 c_0 がスピノーダル領域にある場合には，図 3-1（a）に示すように，わずかな濃度変動が生じると系の自由エネルギーが G_0 から G_1 へ減少し，その濃度変動は安定化する．この場合には微少な濃度変動から相分解が開始し，連続的に濃度変動が大きくなって，最終安定組成の c_3 と c_4 に達する．この相分解形式をスピノーダル分解（spinodal decomposition）と呼ぶ．この型の分解が生じる組成範囲は，自由エネルギー−濃度曲線の 2 つの変曲点の内側，すなわち，$\partial G / \partial c^2 < 0$ の領域である．各温度における自由エネルギーの変曲点の軌跡は，図 3-1（b）の点線のようになり，その内側ではスピノーダル分解が生じるので点線内部をスピノーダル領域という．実線はバイノーダル線であり，この範囲内では相分解が生じ，実線と点線に囲まれた領域では核形成−成

23

第3章 スピノーダル分解による組織形成

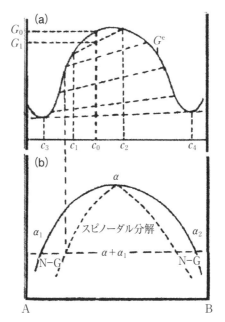

図 3-1 スピノーダル分解における自由エネルギー変化と状態図.

長型(N-G)の分解が生じるとされている．スピノーダル分解を理解するには拡散方程式を解き，分解の動力学を知る必要がある．この問題は1960年頃カーンらを中心に取り上げられて以来，理論的発展が進んだ．次にその取り扱いについて簡単に記述する．

3.2 カーンの線形スピノーダル分解理論

合金の相分解過程は，基本的には式(3.1)のカーンとヒリアード(Cahn-Hilliard)[1]の非線形拡散方程式で記述される．

$$\frac{\partial c}{\partial t} = \frac{\partial}{\partial x}\left\{\widetilde{D}\left(\frac{\partial c}{\partial x}\right)\right\} - 2\widetilde{K}\frac{\partial^4 c}{\partial x^4} \tag{3.1}$$

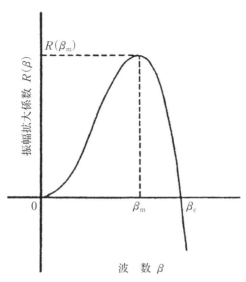

図 3-2 スピノーダル分解における振幅拡大係数と波数の関係.

ここで，$\widetilde{D}$ は相互拡散係数，$\widetilde{K}$ は勾配エネルギー係数 (gradient energy coefficient) で，$\widetilde{K} = M_c(c_0, T)K$ (K は濃度勾配エネルギー係数) である．式 (3.1) は非線形方程式なので，その正確な取り扱いは解析的にかなり困難である．そのため，カーンらは $\widetilde{D}$ を濃度によらない定数項と見なして，括り出した線形方程式を用いて，相分解を解析的に取り扱った．その線形微分方程式から濃度変動量 $(c - c_0)$ は，

$$q = c - c_0 = A(\beta, 0)\exp\{R(\beta)t\}\cos(\beta x)$$
$$R(\beta) = -MV_m(G_0'' + 2\eta^2 Y_{\langle hkl \rangle} + 2K\beta^2)\beta^2 \qquad (3.2)$$

と書き出される[1]．ここで $R(\beta)$ は振幅拡大係数と呼ばれ，フーリエ波数 β に対して図示すると**図 3-2** となる．最大振幅拡大係数 $R(\beta_m)$ を与える波数 β_m は，$\partial R(\beta)/\partial \beta = 0$ より

$$\beta_m = (1/2)[-(G_0'' + 2\eta^2 Y_{\langle hkl \rangle})/K]^{1/2} \qquad (3.3)$$

26 第3章 スピノーダル分解による組織形成

また，そのときの $R(\beta_{\mathrm{m}})$ は式(3.4)で与えられる．

$$R(\beta_{\mathrm{m}}) = MV_{\mathrm{m}}(G_0'' + 2\eta^2 Y_{\langle hkl \rangle})^2/8K \tag{3.4}$$

さらに，$R(\beta)$ の正負，つまりそのフーリエ波の振幅が，時効によって増幅，または減衰するかの臨界波数 β_{c} は式(3.2)より $G_0'' + 2\eta^2 Y_{\langle hkl \rangle} + 2K\beta^2 = 0$，すなわち，式(3.5)となる．

$$\beta_{\mathrm{c}} = [-(G_0'' + 2\eta^2 Y_{\langle hkl \rangle})/2K]^{1/2} \tag{3.5}$$

G_0'' は G_0 の c による 2 階微分を意味する．β_{m} と β_{c} の関係は $\beta_{\mathrm{m}} = \beta_{\mathrm{c}}/\sqrt{2}$ である．

　式(3.4)および図 3-2 が意味するところは次のようである．時効前($t=0$)に若干の濃度ゆらぎが過飽和固溶体中に存在すれば，これのフーリエ成分である各正弦波は各々の波数 β によって定まる $R(\beta)$ を持っており，式(3.4)に従って振幅を増大または減衰する．式(3.4)の G_0'' は変態を促進する化学的駆動項であるが，弾性歪エネルギー項 $2\eta^2 Y_{\langle hkl \rangle}$ および界面エネルギー項 $2K\beta^2$ は共に正で分解の阻止項である．このうち $2\eta^2 Y_{\langle hkl \rangle}$ は一般に結晶方位依存性を持つ．したがって，弾性係数 $Y_{\langle hkl \rangle}$ の最も低い方向の波のうち，最大の振幅拡大係数 $R(\beta_{\mathrm{m}})$ を持つ波が時効時間の経過につれてその振幅を指数関数的に増大させ合金組織を支配するようになる．多くの合金では $Y_{\langle 100 \rangle}$ が最低なので，$\langle 100 \rangle$ 方向に高低濃度域が周期的に並んだ，いわゆる $\langle 100 \rangle$ 変調構造組織になる．一方，η が小さくて $2\eta^2 Y_{\langle hkl \rangle}$ の値が G_0'' に比較してきわめて小さいか，または $2\eta^2 Y_{\langle hkl \rangle}$ は大きくとも $Y_{\langle hkl \rangle}$ の方位依存性がほとんどない等方弾性体の場合には，種々の方位の分解波がほぼ同程度の β_{m} と $R(\beta)$ を持ち，これらの波が合成されて出現する分解組織は方向性がなく，いわゆる，まだら構造 (mottled structure)になる．

　このスピノーダル線形理論は古典的核生成の世界に新しい観点を与えた点で，画期的なものであった．しかしながら，線形理論であったためにスピノーダル臨界組成での相分解が記述できず，もともと連続である相分解機構をスピノーダル線を挟んで，核生成-成長機構とスピノーダル分解の 2 つの別の機構のごとく認識されてきた．線形理論では時効初期に存在した各フーリエの増幅

または減衰を与えるのみで，波同士の干渉による新しい波の合成や消滅は取り扱えない．非線形理論を解くことによって，このことが可能である．

3.3 非線形スピノーダル分解理論

カーンによる線形的な取り扱いは，分解初期の濃度変動の小さいときにしか適用できない．分解後期では省略された非線形項を考慮する必要がある．これに関する研究はカーン以後，ハチャトリアン(Khachaturyan)[2]など多くの人たちによって，拡散方程式の非線形項を取り入れた計算が行われている．その際，多くの研究者が固溶体自由エネルギーとして正則溶体近似式を用いている．過飽和固溶体の自由エネルギー濃度曲線は，合金の種類や温度によって種々な形状を有している．したがって，正則溶体近似では複雑な実際合金の自由エネルギーを表現できず実用性に欠ける．そのため，ここではさまざまな過去の固溶体エネルギー式を表現できるように濃度の高次式が用いられている．この手法は式(3.1)のC-H拡散方程式をほとんど省略せずに取り扱っており，正確に相分解過程を表すことのできる手法の1つである．

固溶体のエネルギーを一般的に表現するために，式(3.6)のように溶質濃度 c の高次式で自由エネルギー G を表す[3]．

$$G = a_n c^n + a_{n-1} c^{n-1} + \cdots + a_2 c^2 + a_1 c + a_0 \tag{3.6}$$

式(3.6)によって，どのような自由エネルギー曲線でもほぼ表現することができる．次に，相互拡散係数 $\tilde{D}$ と自由エネルギー G との間には，式(3.7)の関係があることを利用して，両者の具体的関係を求める．

$$\tilde{D} = M(\partial^2 G / \partial c^2) \tag{3.7}$$

その際，濃度 c を合金の平均組成 c_0 からの組成変動量 q で置き換えた方が都合が良いので $q = c - c_0$ とおく．式(3.6)および(3.7)より，$\tilde{D}$ は q の n 次多項式(3.8)となる[3]．

$$\tilde{D}(x,t) = D_0 + D_1 q(x,t) + D_2 q^2(x,t) + \cdots + D_n q^n(x,t) \tag{3.8}$$

D_i ($i=0, 1, \cdots, n$) は合金の平均組成 c_0 に依存する関数である.なお,ここでは1次元拡散として取り扱う.式(3.8)は,相互拡散係数 $\tilde{D}$ のテーラー展開であり,$\tilde{D}$ が場所 x と時間 t における組成変動量 $q(x, t)$ の関数であることを示している.例として,ここでは組成 0.5 を中心に左右対象な $n=6$ の場合の各 D_i の組成依存性を図 3-3 に示しておく.この場合のスピノーダル組成 c_s は 0.17,バイノーダル組成 c_e は 0.02 で,D_0 はスピノーダル領域で負,その外側で正の値を持つ.次に濃度変動 q をフーリエ級数で表現し,カーンの示した非線形拡散方程式(3.1)と式(3.8)から,式(3.9)に示す非線形拡散方程式のフーリエ表現式が得られる.

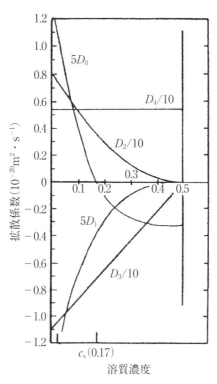

図 3-3 拡散係数の組成依存性.

$$\partial Q(h)/\partial t = -(h\beta)^2[(D_0+2h^2K\beta)Q(h)+(1/2)D_1R(h)+(1/3)D_2S(h)$$
$$+(1/4)D_3T(h)+(1/5)D_4U(h)+\cdots] \tag{3.9}$$

ここで，$Q(h)$ は波数スペクトル，$R(h)$，$S(h)$，…は $Q(h)$ の1階，2階…のたたみ込み関数である．なお，上式の［　］内の第1項は，カーンの線形方程式と同等で，すでに存在する濃度フーリエ波が独立に成長，減衰する速度を示している．第2項以後が非線形部分でフーリエ波間の相互干渉による波の合成・消滅の速度を示している．合金組成 (c_A) がスピノーダル組成 ($c_S=0.17$) に等しい場合には，式(3.9)の［　］内の第1項だけでは相分解は生じないが，

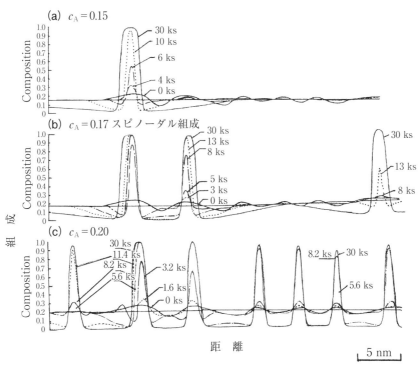

図 3-4　非線形拡散方程式に基づく各組成の相分解シミュレーション．スピノーダル組成：0.17．

D_1 以下の非線形項によって相分解は進行する．さらに，第1項が正のN-G組成領域でも，第1項は正であるにもかかわらず，非線形項の働きで相分解する．このことは合金の相分解を統一的に理解する上で重要な点である．式(3.9)の計算をスピノーダル組成を挟んだ3組成の合金についての相分解シミュレーション結果を図 3-4 に示す．(b)はちょうどスピノーダル組成 $c_s=0.17$ の合金のもので，カーンの線形理論では組成ピークは発生しないはずである．しかし，この計算では非線形項を考慮しているため，スピノーダル線上の臨界領域でも核生成過程を計算することができる．(a)はスピノーダル組成よりも外側のいわゆる N-G 領域であるが，数は少ないが，濃度ピークが形成されている．実際合金の組織もそのようになっている(第2章，図2-2参照)．相分解の駆動力は，線形成分と非線形成分とに分けることができ，それ

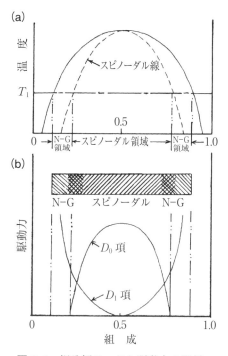

図 3-5　相分解モードと駆動力の関係．

らの組成依存性は**図 3-5** のように示すことができる．ここでは非線形成分として D_1 項を代表として示してある．固溶体間隙（miscibility gap）の中央付近の合金では，駆動力は主に D_0 項で与えられるため，相分解は線形方程式で十分記述できる．しかし，合金組成が減少すると，D_0 項による駆動力が消滅するとともに，非線形 D_1 項による駆動力が増大する．したがって，相分解モードはスピノーダル線付近で両分解機構の重畳したものとなる．

なお，さらに析出限界線にきわめて近い過飽和度の低い低濃度域では，第 8 章で記述するようにギブス-ボルツマンの自由エネルギーそのものに問題があり，これに基づく拡散方程式にも問題があると考えられる．

3.4　種々の材料におけるスピノーダル分解とその応用

【合金】　スピノーダル分解により相分解する合金は，これまでにかなりの系で報告されてきている．それらの中には，すでに実用材料に応用されたものもあるし，また，将来実用の期待されるものも存在する．以下にそれらのいくつかを紹介する．

Fe-Cr-Co 磁石合金は，スピノーダル分解を利用している典型的な合金である．分解によって合金中に均一に形成される FeCo-rich 相と Cr-rich 相とが磁場中時効により方向性をもって分布し，大きな保磁力（約 600 Oe）が得られている．スピノーダル分解が磁場の影響を強く受けることを巧みに利用している点では，スピノーダル型磁石合金（アルニコ合金）と同じであるが，ねじ切り，打ち抜き，圧延等の加工性がより優れており実用化されている．その他，スピノーダル分解を利用している永久磁石には，Cu-Ni-Fe，Cu-Ni-Co，Fe-Ni-Al 合金等がある．Fe-Mo 2 元合金はスピノーダル分解によって典型的な変調構造を形成して（第 2 章，図 2-2 参照），ビッカース硬度 1100 に達する高硬度が得られる．これらに Co，V を添加した Fe-Mo-Co-V 合金において抗張力 400 kg/mm^2 を越す高強度が得られる．スピノーダル領域を元素添加によって制御することは，超高強度材料開発における 1 つの指針となり得るであろう．スピノーダル分解による高強度化を利用したものには IC 素子などのリードフレーム材として考えられている Cu-Ni-Sn 合金がある．IC の高集積化にとも

32 第3章 スピノーダル分解による組織形成

ない，リードフレームには高い熱伝導性，低電気抵抗と並んで，強靭化が要求されつつあり，スピノーダル分解型 Cu-9Ni-6Sn 合金は，高強度形の有力な候補の1つとされ実用化に向けて研究されている．

多くの相分解組織の粗大化はオストワルド成長により進行するとされているが，スピノーダル分解による変調構造の多くは，**表 3-1** に示すように成長粗大化指数が $m > 3$ で成長が遅く（第5章，式(5.3)参照），中にはほとんど成長しない場合がある．この現象は粒子間弾性相互作用によるもので，実用的に興味深い．この現象の詳細は第5章で解説する(5.3.1(2)項参照)．

いままでの話では，暗黙のうちに2相分離型の合金に限定されていた．しかしながら，スピノーダル分解は何も相分離型合金にのみ生じるものではない．Fe-Si 規則合金は 11 at%Si 付近で低磁歪を示すが，**図 3-6** に示すように，規則相が B2 規則相と DO$_3$ 規則相とにスピノーダル分解によって2相分離する．また高透磁率合金として有名なセンダスト(Fe-Si-Al)合金においても，規則相の相分離が生じておりスピノーダル分解との関係が興味深い．この他，ホイスラー合金 Cu$_2$MnAl，Cu-Zn 合金，Fe-Al-Co 合金などにおいても，規則相におけるスピノーダル分解の存在が明らかにされている．

【半導体材料】 光通信材料として知られる GaAsInP 4元合金には固溶体ギャップ(miscibility gap)が存在するため，素子作製過程で2相分離を起こす．その結果，ツイード構造(tweed structure)を形成し，電子論的に予測される特性が損なわれる．これはスピノーダル分解が材料特性に対し負の効果を及ぼしている例である．

【ガラス】 ガラスのスピノーダル分解については，古くから SiO$_2$-CaO-Na$_2$O(乳白ガラス)，SiO$_2$-Na$_2$O-B$_2$O$_3$(バイコールガラス)，SiO$_2$-Li$_2$O など，多くの系で研究されており，分解により生じる微細構造の観察が先に述べたカーンらによる理論的追究の契機になっている．また，この分解は実用上重要であり，たとえばバイコールガラスではスピノーダル分解を巧みに利用している．すなわち分解により SiO$_2$ ガラス相と Na$_2$O-B$_2$O$_3$ ガラス相とに分け，次に化学処理によって後者を溶解し，最後に高温で焼結して無孔質の高ケイ酸ガラス，つまりバイコールが得られる．このような実用上の研究，利用と同時に基礎的な研究が主に X 線小角散乱法によりかなり詳しくなされているが，こ

表 3-1 種々の合金における粗大化速度指数 $m(r=kt^{1/m})$.

合　金	m 値
Cu-Ni-Fe	4〜5
Au-60Pt	9.3
Au-40Pt	4.8
Fe-W-Co	6.6
Ni-Cu-Si	4〜7

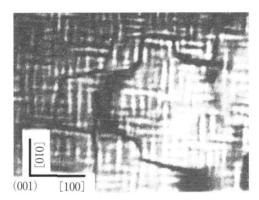

図 3-6 Fe-Si-Al 合金の B2+DO$_3$ 規則相分解.

こでは省略する.

【セラミックス】 セラミックスのスピノーダル分解についての研究は比較的少なく，基礎的な研究がなされているにすぎない．しかし，最近のセラミックスブームで注目されている部分安定化ジルコニア(PSZ)においてスピノーダル分解の有無が議論されている.

【高分子材料】 数種の高分子素材を人為的に組み合わせて有用な性質をねらった，いわゆるポリマーブレンドや高分子の共重合体などにおいてもスピノーダル分解による相分離が多くの系で知られている．これらの相分離組織の一例として，PS/PVME 系のスピノーダル分解があるが，合金などと異なり，

34   第3章　スピノーダル分解による組織形成

2相間の間隔は数 μm とかなり大きく，また歪が小さいために等方性組織を呈している．小角散乱実験などによる基礎的研究もかなりなされており，カーンの線形理論との比較検討はもとより，分解後期の組織成長がスケーリング則に基づいて解析されている．

文　献

（1）　J. W. Cahn and J. E. Hilliard : J. Chem. Phys., **31**(1959), 688.

（2）　A. G. Khachaturyan : Theory of Structural Transformation in Solids, Dover, Pub., USA(2008).

（3）　T. Miyazaki, T. Takagishi, S. Mizuno and M. Doi : Transaction of JIM, **24** (1983), 246-254.

4

析出物の安定形状と結晶学的配向

　ゾーンあるいは析出物には，球状，立方体状，板状などの形状と配向(板状，棒状粒子が地相のどの結晶方向になるか)がさまざまになっている．これらは合金の諸特性に大きな影響を与えるので，組織を制御する上でこれらの原理を知ることはきわめて重要である．ここではこの問題について説明する．図4-1は，Ni-基合金中のγ'(Ni$_3$Al)析出粒子であるが，地相との格子面間隔の差(格子ミスマッチ)を変化させることにより，同じγ'粒子でも，球状(b)や立方体状(a)の形状になることがわかる．また，特定の方向に配向・配列している場

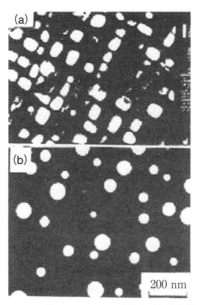

図4-1　格子ミスマッチの差によるγ'の形状と配列変化．η：(a)0.00563，(b)0.00151．

38　第4章　析出物の安定形状と結晶学的配向

合やランダムに分布している場合もある.

4.1　析出粒子の安定形状

4.1.1　弾性歪エネルギーの形状依存性

　地相とは異なる弾性係数をもつ析出物が, 地相(Ω)中に存在している不均質系(inhomogeneous system)の弾性歪エネルギーは次式で与えられる[1].

$$E_{\mathrm{str}}(\rho) = (1/2)\int_{\Omega} \sigma_{ji}\,\varepsilon_{ij}\,dv \tag{4.1}$$

σ_{ji} は応力, ε_{ij} は弾性歪, dv は小領域の体積である. 析出粒子の形状を回転楕円体(ρ:軸比)で近似すると, 上式は析出物の単位体積当たり, 次式のように簡単になる.

$$E_{\mathrm{str}} = -(1/2)f(1-f)\sigma_{ij}^{I}e_{ij}^{T^{*}}V_{\mathrm{m}} \tag{4.2}$$

σ_{ij}^{I} は析出粒子の内部応力, $e_{ij}^{T^{*}}$ はアイゲン(eigen)歪で析出相と母相間の格子ミスマッチに相当し, $e_{ij}^{T^{*}} = \varepsilon_{ij}(c_2 - c_1)\delta_{ij}$, ($\varepsilon = (a_{\mathrm{p}} - a_{\mathrm{m}})/a_{\mathrm{m}}$)で記述される. δ_{ij} はクロネッカーのデルタである. V_{m} は組織のモル体積. 内部応力 σ_{ij}^{I} は次のように求められる. その不均質析出物が作り出している応力場と全く同じ応力場が, 地相と弾性率の等しい仮想的な析出物(等価介在物)によって作り出されると想定すると次の関係が成立する.

$$\sigma_{ij}^{I} = C_{ijkl}(e_{kl}^{c} - e_{kl}^{T}) = C_{ijkl}^{*}(e_{kl}^{c} - e_{kl}^{*}) \tag{4.3}$$

ここで, C_{ijkl} および C_{ijkl}^{*} はそれぞれ地相と析出相の弾性定数, e_{kl}^{c} は拘束歪, すなわち弾性歪およびアイゲン歪(概念的には塑性歪の一種と見なすことができる)を含んだ全歪であり, e_{kl}^{T} はこの等式を成立させるような等価介在物のアイゲン歪で, これを等価変態歪と言う. e_{kl}^{c} と ε_{ij}^{T} の間には式(4.4)の関係が導かれている.

$$e_{ij}^{c} = (1/4\pi)c_{mnkl}\bar{G}_{ijmn}\varepsilon_{kl}^{T} \tag{4.4}$$

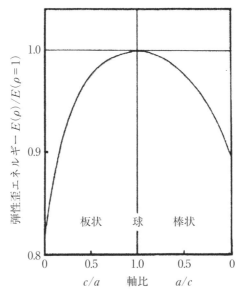

図 4-2 析出物の形状による弾性歪エネルギーの変化.

$\bar{G}_{ijmn}$ は歪分布に関するグリーン関数で,回転楕円体の軸比 $\rho(=c/a)$ の関数として具体的に与えられている.したがって,式(4.3)と式(4.4)を連立方程式として解くと,e_{kl}^c と e_{kl}^T が求まり,それより σ_{ij}^I が求まる.e_{kl}^* は実験的に求められるので,$E_{\rm str}(\rho)$ はただちに計算できる.

図 4-2 は,Ni-Al 合金中の γ' 相についての $E_{\rm str}(\rho)$ と軸比 ρ の関係である.横軸の右半分は棒状を示すが軸比が a/c で表示されているので注意されたい.この結果から明らかなように,$a/c=1$ すなわち球状で最大の弾性歪エネルギーを有し,板あるいは棒状になると減少するが,板が最も弾性エネルギーを減少させることがわかる.このような関係はこの合金だけでなく,多くの場合に成立する.

40 第4章 析出物の安定形状と結晶学的配向

4.1.2 界面エネルギーの形状依存性

核が形成される初期段階では，ゾーンや析出物の界面は緩やかな濃度分布を持っているが，この段階をすぎると濃度勾配は徐々にシャープになり，その合金系に特定の界面エネルギーγ_sを示すようになる．析出粒子の形状を回転楕円体で近似すれば，回転楕円体の界面エネルギーE_surfは，サイズrと軸比ρ（$=c/a$）を用いて次式で示される．γ_sは比表面積当たりの界面エネルギーである．

$$E_\mathrm{surf}=S(\rho)\gamma_\mathrm{s},\quad S(\rho)=\pi r^2\rho^{-(2/3)}[2+F(\rho)] \tag{4.5}$$

板状 　$\rho<1\,;F(\rho)=\left[2\rho^2\sqrt{(1-\rho^2)}\right]\log\left\{\left[1+\sqrt{(1-\rho^2)}\right]/\rho\right\}$

球状 　$\rho=1\,;F(\rho)=2$

棒状 　$\rho>1\,;F(\rho)=\left[2\rho^2\sqrt{(\rho^2-1)}\right]\tan^{-1}\sqrt{(\rho^2-1)}$

ここで，$S(\rho)$は楕円体の表面積，rは回転楕円体と同体積の球形粒子の半径である．

これらの結果を用いて，析出粒子の全エネルギー$E_\mathrm{str}(\rho)V+E_\mathrm{surf}(\rho)$をNi–Al合金の$\gamma'$（Ni$_3$Al）相について計算すると，**図4-3**のようになる．図の曲線は，$\rho=1$の球状粒子を基準として示され，図中の数字は，球状粒子の半径を示している．粒径が小さい場合には，界面エネルギーが支配的なので$E_\mathrm{str}(\rho)V+E_\mathrm{surf}(\rho)$が最小になるのは球状であるが，粒径が大きくなるにつれて棒状ないしは板状となり，最終的に板状が安定となる．このような傾向は，特定の結晶面の界面エネルギーが他の結晶面と極端に異なる場合を除き，一般に多くの析出物に成立するものである．アイゲン歪の小さな析出物では，大きな粒子径まで球状が安定であるのに対し，Al–CuやFe–Mo合金のようにアイゲン歪が非常に大きな系では，時効初期の小さな析出粒子の段階ですでに板状が安定である．

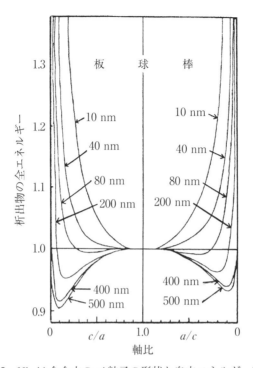

図4-3 Ni-Al合金中のγ'粒子の形状と自由エネルギー変化.

4.2 析出粒子の安定形状および非整合化の影響

　析出物の形状で注意しなければならないのは，地相と析出相の界面の非整合化である．粒径の増大にともなって整合界面は非整合化する．このことは次のことから容易にわかるであろう．すなわち，地相とゾーンの間の格子面間隔は溶質濃度の差によって，一般に若干異なるが，析出粒子径が小さく粒子中に含まれる原子面の数が少ない場合には，界面における原子面の対応すなわち整合を保つことができても，サイズが大きくなって原子面数が増加するとそのくい違いは積算されて，ついには対応が困難になり整合が破れる．このような場合には，一定数の原子面ごとに対応のつかない原子面が存在する．この状態は，

42 第4章 析出物の安定形状と結晶学的配向

表4-1 界面状態の異なる種々の合金析出粒子の界面エネルギー密度.

合金名	界面状態	界面エネルギー密度 (J/m^2)
Cu-fccCo	整合	0.18
Ni-fccNi, Al	整合規則化	0.0142
Fe-FeAl	整合	0.2
Fe-FeAl	非整合	0.6
Ni-Zr	整合	0.200
Ni-Zr	非整合	1.20
Ni-Al-Ti	整合	0.1
Ni-Al-Ti	非整合	0.5

そこに刃状転位が存在するのと同様であるから,これを界面転位(interfacial dislocation)と呼んでいる.界面転位が形成される条件は,整合状態での単位表面積当たりの弾性歪エネルギーが界面転位のエネルギー($\approx \mu b$, μ:剛性率,b:バーガーズベクトル)を凌駕することである.

析出粒子の界面エネルギーは界面における地相との関係によって,大きく異なる.一般的に,整合界面の界面エネルギーは非整合界面のそれに比べて小さく,1/3〜1/5倍程度である.また,規則化した整合析出粒子(たとえばNi-Ni$_3$Alγ′)は整合界面の1/10程度の界面エネルギーである.**表4-1**に界面状態の異なるいくつかの界面エネルギー密度を示す.界面エネルギーは正のエネルギーで変態を抑止する作用があるから,析出物の形成初期は地相と整合状態であり,その後,非整合化するのが一般的である.鉄鋼中の炭化物,窒化物のような地相と最終的な結晶構造が異なるものでも,ごく初期には鉄の格子中に炭素や窒素原子が集まった整合ゾーンである.酸化物でも同様で,内部酸化によって Ag 中に Al$_2$O$_3$ 粒子が形成される場合も,最初の段階は整合であることが判明している.しかし,このような地相と異なる結晶構造を持つ析出粒子はすぐに非整合化して独自の結晶構造を持つようになる.地相と析出相の結晶構造が同じでも,Au-Ni 合金のように,析出相の最終組成にまで到達しな

い相分解途中の段階で界面の整合が破れ非整合化するものもある．これは，Au-Ni 合金の格子ミスマッチ η がきわめて大きく（$\eta = 0.15$），相分解によって形成された2相の格子定数差が大きいので変態が完了しない途中の段階で整合歪エネルギーが界面転位形成のエネルギーを凌駕するからである．しかし，このような現象は極端に η が大きな合金系でのみ見られる稀な現象である．

粒子が非整合化すると界面の整合弾性歪は減少するので，粒子形状や 4.3 節で記述する粒子の配向，配列に及ぼす界面エネルギーの働きが減少する．その結果，粒子表面が凸凹の不規則形状になり，配向，配列も緩んでくる．

4.3 析出粒子の配向と配列

4.3.1 析出粒子の配向

析出物が棒状や板状の場合は特定の結晶方向に沿って析出する．析出物の配向を考える上で重要な点は母相の弾性異方性である．一般に金属は弾性異方性を有しており立方晶金属の $\langle hkl \rangle$ 方向の弾性率は近似的に次のように与えられる．

$$Y_{\langle hkl \rangle} = \left(\frac{C_{11} + 2C_{12}}{2} \right) \left(3 - \frac{C_{11} + 2C_{12}}{C_{11} + 2(2C_{44} - C_{11} + C_{12})(u^2 v^2 + v^2 w^2 + w^2 u^2)} \right)$$

$$(4.6)$$

ここで，C_{11}，C_{12} および C_{44} は弾性常数，u, v, w は $\langle hkl \rangle$ 方向の3軸に対する方向余弦である．この式から明らかなように，$A = 2C_{44}/(C_{11} - C_{12})$ が1より大か小かによって弾性率最低の方向が異なる．A を弾性異方性係数と呼ぶが，$A > 1$ の場合には $Y_{\langle 100 \rangle}$ が最少で $Y_{\langle 111 \rangle}$ が最大となり，$A < 1$ のときはその逆となる．Cr，Mo，W を除く多くの立方晶金属においては，$A > 1$ であり $\langle 100 \rangle$ 方向が弾性的にソフトである．したがって，析出物の最大歪が $\langle 100 \rangle$ 軸に平行になって応力増加を抑えるように析出物は配向する．回転楕円体の軸比が1である球の場合には，歪が等方的で a 軸と c 軸で歪は等しいが，板状になると c 軸（長軸）方向の歪が a 軸方向のそれより大となる．それゆえ，板面の法線方向が $\langle 001 \rangle$ 方向になるよう配向する．**図 4-4** の Ni-Mo 合金の板状析出

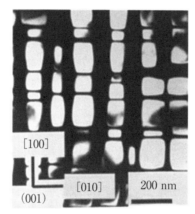

図 4-4　Ni-Mo 合金中の γ′ 粒子の電子顕微鏡暗視野像.

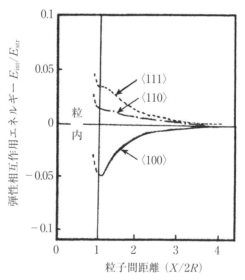

図 4-5　同サイズ粒子間の弾性相互作用エネルギーの結晶方位依存性.

物が⟨001⟩方向に垂直になっているのはこの理由による．

4.3.2 析出粒子間の相対的配列

図 4-1 に示したように，析出粒子の分布がランダムな場合と特定の方向に配列する場合がある．これは粒子間の弾性相互作用エネルギーの働きによるものである．2 個の粒子 A と B が近接するとき，全弾性歪エネルギーは次式となる．

$$E_{\mathrm{str}}(\mathrm{A}+\mathrm{B}) = E_{\mathrm{str}}(\mathrm{A}) + E_{\mathrm{str}}(\mathrm{B}) + 2E_{\mathrm{int}} \tag{4.7}$$

ここで $E_{\mathrm{str}}(\mathrm{A})$ と $E_{\mathrm{str}}(\mathrm{B})$ は，A と B 粒子が単独で存在する場合の弾性歪エネルギーで，E_{int} が粒子 1 個当たりの粒子間弾性相互作用エネルギーである．E_{int} の詳細は，5 章，5.3 で述べることにして，ここではハチャトリアンの手法による計算結果のみを示す．図 4-5 は，Cu 中の面心立方構造の等サイズの Co 球状粒子間の弾性相互作用エネルギー E_{int} を粒子間距離に対してプロット

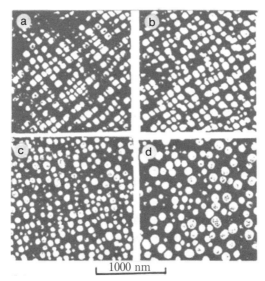

図 4-6　格子ミスマッチ η の異なる γ' 粒子の形状と配列．η：（a）0.0091，（b）0.0077，（c）0.0044，（d）0.0016．

46   第4章　析出物の安定形状と結晶学的配向

した図である．$\langle 100 \rangle$ 方向にごくわずか離れた位置に次粒子が存在するときに E_{int} が最も下がり粒子間に引力が働く．原子間の相互作用とよく似ている．他の $\langle 110 \rangle$ あるいは $\langle 111 \rangle$ 方向では $E_{int} > 0$ となり，反発することがわかる．このことは3次元的には単純立方格子状に析出粒子が配列することを示している．Cu 合金など多くの合金では，弾性異方性係数が $A > 1$ で $\langle 100 \rangle$ 方向に配列する．$A < 1$ の Cr，Mo，W では $\langle 111 \rangle$ 方向に配列するが，これらの金属では弾性異方性係数 A が1に近く等方弾性体に近いので，配列性は弱い．

E_{int} は内部応力 σ_{ij} あるいはアイゲン歪 ε_{ij}^* に比例するので，E_{str} と比例関係にあり，多くの場合，E_{str} の約5%である（図4-5参照）．**図4-6** の電顕写真は，Ni-基合金中の Ti，Al 等を少量変化させて格子ミスマッチ η を変化させたときの，γ' 粒子の形状とその配列を示している．（d）のように球状の粒子では，γ' 粒子の持つ全エネルギーのうち E_{surf} が支配的で E_{str} は小さく，したがって E_{int} も小さい．そのため，粒子の相対的位置に対する強制力は働かないので，γ' の配置はランダムである．一方，図4-6(a)は格子ミスマッチ η が大きいため形状は立方体状になり，E_{int} によって $\langle 100 \rangle$ 方向へ配列している．

文　　献

(1) J. D. Eshelby : Prog. Solid. Mech., **2**(1961), 89.

(2) J. D. Eshelby : Proc. Royal. Soc., **A241**(1957), 376.

(3) J. E. Hilliard : Phase Transformation, H. I. Aaronson (ed.) ASM, Metal Park Ohio(1970), 1487.

5

組織の粗大化と分岐現象および
その総合的解析

5.1 析出物の粒径と平衡濃度

　ゾーンであれ析出物であれ，形成された相分解組織は粗大化の過程に入る．粒子が形成された直後では，粒子の周囲に過飽和に固溶している溶質原子がまだ十分残存するので，これを吸収することにより多くの粒子は粗大化する．しかし，ある期間この状態が続くと，地相中の溶質濃度は固溶限度近くまで減少し，地相中から溶質原子を集めることが困難になる．この段階では，すでに微細な粒子が多数形成されているので，今度は全表面エネルギーを減少させるよう，粒子は集合し粗大化する．もちろんこの期間，粒子数は減少していく．この粗大化過程において，小さい粒子は地相中へ再固溶し，原子状態で地相中を拡散して大きな粒子の表面へ再析出する過程をとる．このような粗大化現象を理解する上に最も重要な関係式は粒子径と粒子界面における平衡溶質濃度の関係を表したギブス–トムソン（Gibbs–Thomson）の式である．

$$c(r) \fallingdotseq c_{\mathrm{e}}(\infty)\left(1 + \frac{2\gamma_{\mathrm{s}} V_{\mathrm{m}}}{RTr}\right) \tag{5.1}$$

ここで，$c(r)$ および $c(\infty)$ は，それぞれ半径が r と ∞ の析出粒子の界面における溶質の平衡濃度，γ_{s} は単位面積当たりの表面エネルギー，V_{m} は析出粒子のモル体積，R はガス定数，T は温度である．この式の意味するところは，析出物の粒径 r によってその界面で平衡する溶質濃度が異なり，粒子径が小さいほど平衡濃度が高いことである．このことは図 5-1 より容易に理解できよう．α-相中に粒径の異なる 2 つの粒子が存在する場合，小粒径粒子の表面曲率が小さいので比表面エネルギーが大きくなり，その分だけ全エネルギーが増加し $G^{\beta}_{小}$ は高くなる．その結果，小粒子の界面平衡濃度 c_2 は，粒径が大きい粒子の

49

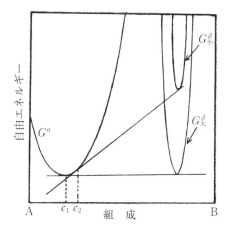

図 5-1　界面平衡濃度の粒子サイズによる差異.

c_1 より高濃度側へずれる．式(5.1)の関係を用いて，粒径の違いによる析出粒子の安定性を考えよう．

　粒子が形成された直後では，図5-2(a)のようにすべての粒子の平衡溶質濃度 $c(r)$ は地相濃度 $c_M (\approx c_0)$ より低いので，地相から粒子へ溶質の流入が生じ，各粒子は粗大化する．この過程における粒径の粗大化速度 $\dot{r}$ は時間 t のほぼ 1/2 乗に比例することが知られている．その後，時間経過して地相濃度 c_M が減少すると，図(b)のように粒径の小さい粒子(1)では，その平衡濃度 $c(r_1)$ が c_M より高くなり，この粒子では溶質は逆に地相へ流出し粒子は小さくなる．一方，粒径の大きな粒子では $c(r) < c_M$ であるため，溶質は粒子界面に流入し粗大化する．この段階では平均粒径 $\bar{r}$ を持つ粒子は，図(b)の中央の粒子(2)のようにまだ粗大化傾向にある．したがって，粒子の体積比はこの段階ではまだ増加している．さらに時間が経過して(c)の段階に至ると，平均半径の粒子の平衡濃度 $c(\bar{r})$ はほぼ c_M と等しく，その粒子は消滅も粗大化も生じないが，$r > \bar{r}$ の粒子はさらに粗大化する．このとき，大きい粒子の粗大化は地相に溶解した小粒子の溶質原子分によってまかなわれる．したがって，この(c)段階では析出相の地相に対する体積比 f_V はほぼ一定になる．この(c)過程を繰り返すことにより平均粒径は徐々に大きくなる．この図(c)の

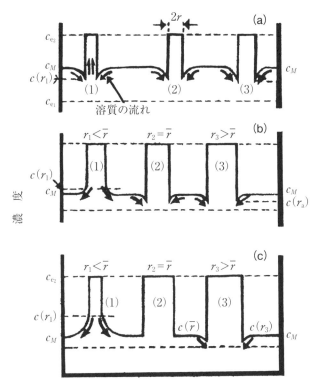

図 5-2 ギブス-トムソンの式に基づく析出粒子界面における溶質原子の流れ．

ような粗大化過程をオストワルド成長(Ostwald ripening)と呼び，析出が完了した後の粒子の粗大化機構である．

5.2 オストワルド成長

　オストワルド成長は，析出粒子と地相との間の界面積を減らすことにより全界面エネルギーを減少させようとする結果生じる．オストワルド成長の理論としてよく知られているのが，リフシッツとスリョウゾフ(Lifshitz-Slyozov)[2]およびワーグナー(Wagner)[3]が提案したLSW理論であり，析出粒子成長を

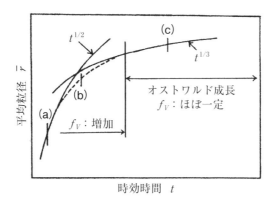

図 5-3 時効時間の経過にともなう粒子成長則の変化.

考える上では，今日まで常に基本となってきた．この理論が示唆する重要なポイントは次の2点に集約される．

(1) 時間 t における粒子の平均サイズ $\bar{r}(t)$ は，

$$\bar{r}(t)^m - \bar{r}(0)^m = Kt \tag{5.2}$$

または，事実上 $\bar{r}(0) = 0$ であるから

$$\bar{r}(t) = Kt^{1/m} \tag{5.3}$$

の式で表される．K は速度定数である．成長が原子の体拡散に支配されているならば，$m=3$ となる．すなわち，

$$\bar{r}^3 - r_0^3 = \frac{8 D_B \gamma_S C(\infty) V_m^2}{9kT}(t - t_0) \tag{5.4}$$

以上のことを平均粒径 $\bar{r}$ の時効時間 t に対する変化で表すと，図 5-3 のように最初はほぼ $t^{1/2}$ に比例して粗大化した粒子は過渡的段階を経て，$t^{1/3}$ に比例するオストワルド成長段階へ到達する．図 5-2(a)(b)(c) の 3 段階にそれぞれ対応している．

(2) 平均粒子で規格化された粒子のサイズ分布 $f(r, t)$ は，成長粗大化が進

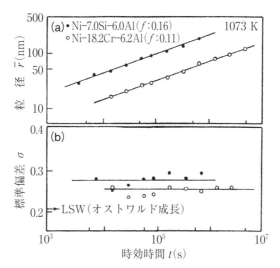

図 5-4 弾性拘束の弱い合金におけるγ′粒子の成長粗大化挙動(オストワルド成長).

んでも変化しない.すなわち,サイズ分布には自己相似性があり,式(5.5)で表されるサイズの分布関数 $f(r,t)$ は,粒子の平均半径 $\bar{r}(t)$ によりスケーリング可能である.

$$f(r,t) = \left[\frac{n(t)}{\bar{r}(t)}\right] \cdot P_0(\rho) \tag{5.5}$$

ここで,$n(t)$ は粒子数,$\bar{r}(t)$ は平均半径,ρ は平均半径で規格化した粒子半径 $r(t)/\bar{r}(t)$ で,$P_0(\rho)$ はスケールされたサイズ分布関数であり時間 t に無関係である[2].

LSW 理論を支持する実験結果は多い.その例として,Ni-基合金のγ′析出物の粗大化を図5-4に示す.図(a)は時効時間 t と粒子の平均サイズ半径 $\bar{r}$ の関係を示したもので,$\log t$ と $\log \bar{r}$ の間には直線関係が認められ,その傾きは,ほぼ1/3で,LSW 理論の $\bar{r} \propto t^{1/3}$ の関係が成立している.図(b)はγ′粒子のサイズ分布の広がりを示す標準偏差σで,粒子が粗大化してもσの値は

ほぼ一定である．このことは組織に自己相似性があること，言い換えれば，平均粒子サイズ$\bar{r}$に関するスケール則が成り立っていることを意味している．

しかしながら，LSW 理論では説明できない実験結果も多く，成長速度が $t^{1/3}$ 則に従わない例もかなり多い．特にサイズ分布については，ほとんどの合金系において LSW 理論の予想と一致していない．これらの不一致は，LSW 理論が本来，粒子の体積分率のきわめて低い，広い粒子間隔でまばらに分布している粒子の成長を対象とした理論であることに1つの原因がある．つまり，多数の粒子からの拡散フラックスの相互干渉を考慮していないことが1つの原因である．

5.3 弾性拘束系における析出粒子の成長の分岐

LSW 理論あるいは修正を施した MLSW 理論でも説明できない粒子の成長挙動は多い．その代表的な現象は(1)同一合金系でも合金組成によって成長速度が，図 5-5 に見るように，大幅に異なること，(2)粒子径によって成長速

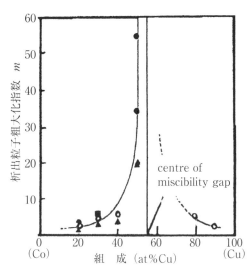

図 5-5 Cu-Co 合金における粗大化速度指数 m 値（$\lambda^m = Kt$）の組成依存性．

度が異なり，大粒では成長がきわめて遅く停止する場合があること，（3）（2）の現象に連動して粒径分布が，大きく変化し，均一化すること，（4）これらの現象は弾性拘束が大きい合金系で著しい，ことなどである[3]．これらの現象は界面エネルギー支配のオストワルド成長理論では全く説明できない現象で，完全に別の成長機構が生じていると考えざるを得ない．つまり，組織の粗大化挙動には，従来から知られていた界面エネルギー支配のオストワルド成長の他に全く別の機構が共存しており，そのときの条件によって，現象が分岐して，他の現象が現れると考えざるを得ない．そしてこの2つの機構が組織粗大化の機構全体であると言える．

　以下に，新しく導入された析出粒子の粗大化現象についての総合的な理論を記述する．これによって，析出粒子のオストワルド成長挙動と説明不可能であった粗大化現象を統一的に理解することができる．

5.3.1　析出粒子の成長分岐理論

　LSW 理論では粗大化の駆動力は界面エネルギーのみであると考えられてきた．しかしながら，析出粒子の粗大化異常現象は弾性拘束系の合金でしばしば見られる．したがって，弾性的な拘束が固体中の析出粒子の成長挙動に影響を及ぼすと考えることは至極当然のことである．しかしながら，析出粒子の存在によって生じる弾性歪エネルギー E_{str} は粒子の粗大化に何ら影響しないと言われてきた．そのため，ながく弾性歪は成長理論から排除されてきた．しかしながら，析出粒子の成長に関する理論を展開する上で，界面エネルギーに加えて弾性歪エネルギーをも考慮する必要があると考えられるようになってきた[4,5]．

（1）　組織モデル

　組織の安定性を論ずるには，その組織自由エネルギーを評価しなければならない．時効，析出により形成された組織には多数の析出粒子が関連するので，本来，エネルギー評価は多体問題として取り扱われなければならない．しかし，そのような計算は複雑なので，最も簡単なモデルとして，非等方弾性体の地相中に，地相と弾性係数の異なる2個の球状析出粒子 α と β（体積は各々

V_α, V_β) が，距離 L 隔れて対になって存在している組織を考えよう．$V_\alpha +$ $V_\beta = V$（一定）という条件下で両粒子のサイズが変化するとき，相対的なサイズの違いを示すパラメータ R を式(5.6)にて定義する．

$$R = \frac{r_\alpha - r_\beta}{r_\alpha + r_\beta} \tag{5.6}$$

ここで，r_α と r_β はそれぞれ α および β 粒子の半径で，R は $-1 \leq R \leq 1$ である．$R=0$ で $r_\alpha = r_\beta$ となり，両粒子が平均半径 $\bar{r}$ で存在する状態を表している．R が 0 から $+1$ へ増加することは，α 粒子が大きくなり β 粒子が小さくなることを，逆に R が 0 から -1 へ減少することは，β 粒子が成長し α 粒子の方が縮小していくことを示している．$R = \pm 1$ では α，β 粒子の一方のみが存在する．

いま析出組織が，距離 L を周期として分布している多数の粒子からなっていると仮定すれば，α，β の 2 体粒子は，地相中で $2L^3$ の体積を持った領域を占有していると考えることができる．したがって，粒子の体積分率は $f = V/2L^3$ である．V は両粒子の体積の和で一定であるから，

$$V = \frac{4\pi}{3}(r_\alpha^3 + r_\beta^3) = 2\left(\frac{4\pi}{3}\right)\bar{r}^3 \tag{5.7}$$

である．したがって，粒子の平均直径 $2\bar{r}$ で規格化した粒子間距離 $d(= L/2\bar{r})$ を導入すれば，結局次式が得られる．

$$f = \frac{V}{2L^3} = 2\left(\frac{4\pi}{3}\right)\bar{r}^3 \frac{1}{2L^3} = \frac{\pi}{6}\left(\frac{2\bar{r}}{L}\right)^3 = \frac{\pi}{6d^3} \tag{5.8}$$

よって，f は V に依存せず，d のみの関数である．

（2） 半径の異なる粒子間の弾性相互作用エネルギー

α，β 粒子を含む系の組織自由エネルギー G_{sys} は式(5.9)で示される．

$$E_{sys} = G_c + E_{str} + E_{int} + E_{surf} \tag{5.9}$$

このうち，ここで設定されている粒子の体積比と形状が変わらない条件下では，相対的粒径 R が変化しても，E_{str} はほとんど変化しない．これが，従来，組織の粗大化現象で E_{str} が考慮されなかった理由である．弾性相互作用エネ

ルギーは全弾性歪エネルギーE_{str}に含まれるもので，それの5%程度であるから，従来，無視されてきたのである．しかし詳細に調べるとこのE_{int}は界面エネルギーE_{surf}と同程度の自由エネルギーを持っていることが判明した．したがって，$E_{\text{int}} + E_{\text{surf}}$を考慮する必要がある．

α，β両粒子間の弾性相互作用エネルギーE_{int}は幾人かの研究者によって示されている．ここではハチャトリアン[5]の方法を示す．

$$E_{\text{int}}(\mathbf{L}) = \frac{1}{V_0} \sum_{\mathbf{q}} F_{\alpha\beta}(\mathbf{n}) S_\alpha(\mathbf{q}) S_\beta(-\mathbf{q}) \exp(i\mathbf{q} \cdot \mathbf{L}) \tag{5.10}$$

ここで，V_0はα，β粒子を含む系全体の体積，$\mathbf{n}$はフーリエ波数ベクトル$\mathbf{q}$に沿った単位ベクトル，$\mathbf{L}$はα，β粒子の中心間の位置ベクトルである．式(5.10)の$F_{\alpha\beta}(\mathbf{n})$はフーリエ空間における弾性エネルギー関数で，式(5.11)を用いて計算できる．太字は3次元表記である．

$$F_{\alpha\beta}(\mathbf{n}) = \Omega_{\alpha\beta} - \Phi_j^\alpha(\mathbf{n}) G_{jk}^{-1}(\mathbf{n}) \Phi_k^\beta(\mathbf{n}) \tag{5.11}$$

$$\Phi_j^\alpha(\mathbf{n}) = C_{jklm} \eta_{lm}^\alpha n_k$$

$$\Omega_{\alpha\beta} = C_{jklm} \eta_{jk}^\alpha \eta_{lm}^\beta$$

$$G_{jk}(\mathbf{n}) = C_{jklm} n_l \eta_m$$

η_{ij}は変形勾配テンソルで，ここでは

$$\eta^\alpha = \eta^\beta = \eta \begin{pmatrix} 1 & 0 & 0 \\ 0 & 1 & 0 \\ 0 & 0 & t \end{pmatrix} \tag{5.12}$$

$$\eta = e_{11}^T$$

$$t = \frac{e_{33}^T}{e_{11}^T}$$

のような対角化した形となる．ηは歪の大きさを表すスカラー量である．tは歪場の正方晶比で，α，βいずれの粒子もa軸もしくはb軸方向のt倍の歪がc軸方向に生じていることを示している．このような正方晶歪場を導入すると，一般形状の粒子が持っている異方性歪場を近似的に計算することができる．式

58　第5章　組織の粗大化と分岐現象およびその総合的解析

(5.10)の$S_\alpha(\mathbf{q})$は，フーリエ空間における形状関数で，

$$S_\alpha(\mathbf{q}) = \theta_\alpha(\mathbf{q})\{1 - \delta(\mathbf{q})\} \tag{5.13}$$

と示される．$\delta(\mathbf{q})$はフーリエ空間の原点で1，他の領域では0となる関数である．また$\theta_\alpha(\mathbf{q})$は形状関数で，$q(=|\mathbf{q}|)$の変域は，$a$を格子定数としたとき，

$$\frac{4\pi}{3}q_{max}^3 = 32\frac{\pi}{a^3} \tag{5.14}$$

から，その最大値q_{max}が定義される．また形状関数の具体的式は次式にて与えられる．

$$\theta^\alpha(\mathbf{q}) = 3V_\alpha\frac{\sin(\mathbf{q}r_\alpha) - \cos(\mathbf{q}r_\alpha)}{(\mathbf{q}r_\alpha)^3} \tag{5.15}$$

（3）　界面エネルギー

α，β両粒子の界面エネルギーの和E_{surf}は，

$$E_{surf} = \gamma_s(s_\alpha + s_\beta) \tag{5.16}$$

で与えられる．γ_sは粒子の単位表面当たりの界面エネルギーで，s_αはα粒子の表面積である．

5.3.2　析出粒子安定性に対する分岐図

図5-6は，Cu中の〈100〉方向に並んだ一対の球状Co析出粒子について，2体粒子の相対的なサイズパラメータRを変化させた場合，弾性相互作用エネルギーが粒子間距離dに対してどのように変化するかを示している．いずれのR値においても，両粒子がわずかに離れている位置で弾性相互作用が最大となる．さらに，その値はRが0に近づくほど小さくなる．すなわち，2つの粒子が同サイズのときに弾性相互作用は強く，両粒子のサイズの差が大きくなるにつれて弾性相互作用は弱くなる．

次に，2粒子の平均サイズを$\bar{r} = 100\,\mathrm{nm}$に固定したときの両粒子が持っている全エネルギーの$R$依存性を見よう．粒子間距離$d$をパラメータとして求

5.3 弾性拘束系における析出粒子の成長の分岐　59

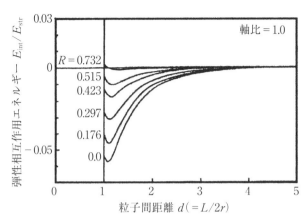

図 5-6　相対粒径パラメータ R による 2 体粒子間の 〈100〉 方向の弾性相互作用エネルギーの変化.

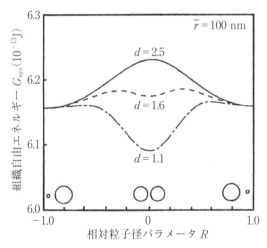

図 5-7　粒子間距離の異なる 2 体粒子の組織自由エネルギーの R 依存性.

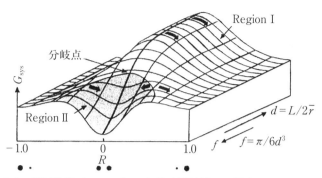

図 5-8 相対粒径パラメータ R と粒子間距離 d に対する G_{sys} の局面.

めた結果が**図 5-7**である．2つの粒子が離れているとき ($d=2.5$) には，エネルギーの最大が $R=0$ に，最小が $R=\pm 1$ の所に現れている．しかし，粒子の間隔が狭くなる ($d=1.6$) と，$R=0$ の所が窪み，エネルギーの極小が現れる．さらに粒子が接近する ($d=1.1$) とエネルギーの落ち込みは大きくなり，ついには $R=\pm 1$ に代わって $R=0$ の状態がエネルギー最小となる．つまり，1個の粒子よりもその粒子が分裂して，2個の粒子になった方が界面エネルギーの増分を弾性相互作用エネルギーが打ち消して安定になる．この図ではパラメータとして粒子間距離 d をとったが，d と粒子の体積比 f との間には式(5.8)の関係があるので，f をパラメータとしても同様の議論ができる．すなわち，f が増加すれば $R=0$ におけるエネルギーの落ち込みは大きくなる．

R および d (または f) が変化するときの全エネルギーの変化を，立体的に表したのが**図 5-8**の模式図である．図中の太実線はエネルギー面の尾根を示している．この図は Region II (領域 II) と呼ばれる影をつけた領域と，その外側に広がっている Region I (領域 I) と呼ばれる領域から成り立っている．領域 I では，エネルギーの最小は $R=\pm 1$ の所にあるため，エネルギーは黒矢印で示す方へ向けて下がっている．一方，領域 II では $R=0$ に沿ってエネルギーが極小となる谷が存在する．このようなエネルギーの谷ができるのは，粒子サイズの均一化にともなって粒子間弾性相互作用が大きくなり界面エネルギーの増分を上回った結果である．さらに f が大きく (d が小さく) なるにつれて全エネルギー極小の谷はますます深くなり，ついには $R=\pm 1$ のレベルよりも低

5.3 弾性拘束系における析出粒子の成長の分岐

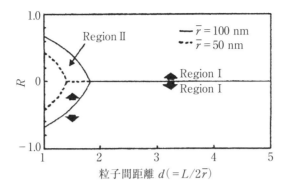

図 5-9　組織分岐図形の平均粒径 $\bar{r}$ による差異．

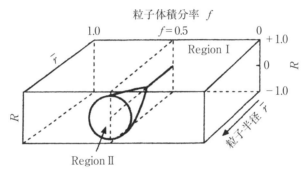

図 5-10　領域(Region)Ⅱの立体表示．

くなってエネルギー最低となる．これは，1個の粒子が自発的に2個の粒子に分裂することを意味する．

図 5-9 は図 5-8 を底面に投影したもので，実線は $\bar{r}=100$ nm，点線は $\bar{r}=50$ nm の分岐図で，粒径の増加によって領域Ⅱが拡大することがわかる．これは平均粒径の増加によって弾性相互作用が増加したことによるものである．この分岐図形は R, d (または f) および $\bar{r}$ から構成されているので，これらの3軸空間で記述するとわかりやすい．図 5-10 はそれを示しており，弾性相互作用が支配する領域Ⅱは粒子径 $\bar{r}$ と f が共に大きい領域にワインカップ状に存在する．領域Ⅱの広がりは析出粒子と地相の格子ミスマッチが大きい合金

系ほど広い．この3次元分岐図形から，体積率 f の大きな合金ほど粒径均一化領域IIに入りやすいことがわかる．

以上述べたように，組織粗大化機構として，従来知られていた粒子界面エネルギー支配のオストワルド成長のほかに，弾性歪エネルギー(粒子間弾性相互作用エネルギー)支配の機構が存在することが判明した．この2つの機構は，粒子のサイズ分布に対して，不均一化と均一化の逆の働きをし，組織形態に大きな差を与える．

5.3.3 分岐理論から予測される析出粒子の挙動

(1) 粒子径の均一化と組織粗大化の停止

Ni-Mo 合金中の Ni_4Mo 析出物について，平均サイズ $\bar{r}$ と時効時間 t との関係は図5-11(a)のようになる．時効初期には $t^{1/3}$ 則に従い粒子は成長するが，分岐図形の領域IIに入ると成長速度は遅くなり，ついには成長がほとんど停止する．それにともなって，サイズ分布の標準偏差 σ の値は，時効が進むにつれて徐々に小さくなる(図5-11(b))．つまり，粒子の成長が停止すると共に，

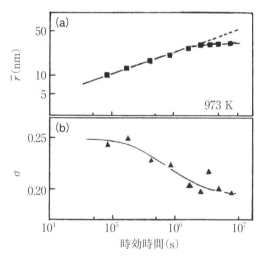

図 5-11 弾性拘束が強い Ni-Mo 合金中の Ni_4Mo 粒子の成長挙動平均サイズと標準偏差．

粒子サイズのばらつきも少なくなってくる．したがって，この合金系の場合，多くの粒子が 30～40 nm のサイズに揃ってくる．すなわち，組織の均一化が起こる．同様の現象は多くの合金で観察されている．この粒子成長の速度論についての理論的計算は川崎，榎本[6]が行っており，粒子成長の粗大化の停止がよく再現されている．

このように，弾性拘束が強く弾性エネルギーが支配的な系では，成長速度に関する $t^{1/3}$ 則およびサイズ分布に関するスケール則の両者ともに成立せず，LSW 理論あるいはその修正理論は全く役に立たない．さらに TEM 観察で明らかとなった組織の均一化は，分岐理論による予測通りの現象である．この現象は析出粒子の成長粗大化が遅いことから，材料の高温劣化が遅くなることが期待され，実用的にも重要な意義を持っている．

（2） 析出粒子の分裂，微細化

弾性拘束の強い合金系では，さらに珍しい現象が起きることがある．Ni-Al や Ni-Si 合金を γ' 析出線直下で時効すると，γ' 粒子が地相中にまばらに析出する．格子ミスマッチ $|\eta^2|$ の値は前者で 0.563%，後者の合金で 0.300% とかなり大きいため，弾性歪エネルギーの効果により粒子の形は立方体である．このような状況下でさらに時効を続けると粒子があるサイズに達すると図 5-12 の

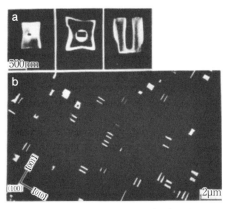

図 5-12 γ' 粒子の分裂．（a）分裂の過程および（b）形成された 2 枚の板状粒子．

TEM 写真に見られるように，下駄の歯状に⟨100⟩方向に並んだ 1 対の板状粒子が地相中に分散した状態となる．あるいは 8 個の小粒子に分裂する場合もある．これも粒子間弾性相互作用エネルギーの効果で，周囲に相互作用する粒子がない場合には，自ら分裂して全エネルギー $E_{surf} + E_{int}$ を減じているのである．

文　　献

(1)　L. M. Lifshitz and V. V. Slyozov : Solids **19**(1961), 35.

(2)　C. Wagner : Electrochem, **65**(1961), 581.

(3)　T. Miyazaki : Progress in Materials Science, **57**(2012), 1010-1060.

(4)　T. Miyazaki and M. Doi : Materials Sci. and Eng., **A110**(1989), 175-185.

(5)　W. C. Johnson : Acta Metall., **32**(1984), 465.

(6)　K. Kawasaki and Y. Enomoto : Physica, **A150**(1988), 1399.

参　考　書

A. Khachaturyan : Theory of Structural Transformation in Solids, Dover Pub. Inc. Mineola, New York(2008).

森　勉, 村外志夫 : マイクロメカニックス, 培風館(1976).

R. Wagner and K. Reinhard : Phase Transformation in Materials in Vol. 5(Materials Science Technology ed by P. Haasen), VCH, New York (1991).

6

原子の相互拡散と組織形成

6.1 相互拡散と自己拡散

　組織形成の観点から原子の拡散を考えよう．個々の原子が移動するからといって巨視的な物質移動が生じるとは限らない．この点について以下に整理しておこう．いま，A 金属と B 金属を接合した拡散対を作り高温に加熱した場合を考えよう．A 原子は B 金属中へ，また B 原子は A 金属中へお互いに拡散してゆくことは容易に想像されるであろう．このような拡散形態を相互拡散（inter diffusion）あるいは化学拡散（chemical diffusion）と呼ぶ．この拡散では，ある場所における A 原子あるいは B 原子の濃度は時間とともに変化する．すなわち物質移動が生じている．さて長時間経過すると，A，B 原子は互いに入り混じって，どの場所でも A，B 原子の濃度は等しくなるであろう．このようになると時間経過にともなう濃度の変化はなくなる．したがって拡散という現象を物質移動という巨視的な観点でとらえると，もはや拡散は生じていないことになる．しかしこの段階でも，ある特定の原子に着目するとその原子は物質中を動き回っている．つまり A–B 固溶体中では A 原子も B 原子も動いているが，その動きがでたらめなため全体としては物質移動が生じないのである．このような拡散を自己拡散（self diffusion）という．自己拡散の典型的な例は，純金属中の原子移動である．純金属中でも原子は空孔を媒介としてたえず移動しているが，同種類のため巨視的な濃度変化は生じない．

　次に，拡散を生じさせる駆動力の観点から，相互拡散と自己拡散を考えてみよう．一般に相互（化学）拡散は，その系の自由エネルギーを下げようとする熱力学的要請のもとに生じている．前述の A–B の拡散対の場合でも A 金属と B 金属がそれぞれ個別に存在するよりも，A，B 原子が混じり合って固溶体を作った方が，自由エネルギーが低下するから，そのような原子移動が生じたの

68 第6章 原子の相互拡散と組織形成

である．したがって，固溶体よりも，A原子とB原子が別々に集合した方が，自由エネルギーが低下するような場合には，均一固溶体から濃度の不均一化が発生する．相互拡散の本性はこのような自由エネルギーの要請に基づく拡散であるということである．これによって，物質移動が生じ，合金中に組織が形成されるのである．一方，自己拡散は，自由エネルギーによる要請がなく，熱エネルギーの助けをかりて，でたらめに移動しているもので，組織が形成されることはない．この章では，組織形成に関連する拡散現象，特に相互拡散を，取り上げ解説する．

6.1.1 フィックの法則

拡散による物質流量を定量的に取り扱うことは組織形成を理解する上できわめて重要である．フィック(Fick)は濃度勾配が拡散の原動力であると仮定して，物質移動を熱伝導と同様に取り扱う拡散方程式を提案した．

（1） フィックの第1法則

単位時間に単位面積を通過して，x方向に移動する物質の量Jは，その部分の濃度勾配に比例する．すなわち

$$J = -D\frac{\partial c}{\partial x} \tag{6.1}$$

ここで，Dは拡散係数で，単位時間に単位面積を通過して流れる物質量を表す．式(6.1)はフィックの第1法則と呼ばれ，この法則は試料中のどの位置においても，濃度の時間変化が不変，すなわち$(\partial c / \partial t = 0)$という定常状態の場合にのみ適用できるものである．

（2） フィックの第2法則

この法則は，ある場所の濃度の時間変化を示すものである．ある場所における濃度の時間変化$(\partial c / \partial t)$は，単位時間当たりその場所へ流れ込む物質量と流れ出る物質量の差で与えられるから

$$\frac{\partial c}{\partial t} = \frac{\partial J}{\partial x} = \frac{\partial}{\partial x}\left(\widetilde{D}\frac{\partial c}{\partial x}\right) \tag{6.2}$$

相互拡散係数 $\widetilde{D}$ は一般に溶質濃度に依存するので，式(6.2)は非線形方程式になるが，依存しない場合には式(6.3)となる．

$$\frac{\partial c}{\partial t} = D\frac{\partial^2 c}{\partial x^2} \tag{6.3}$$

これらはフィックの第2法則と呼ばれる．3次元拡散に対しては，式(6.4)となる．

$$\frac{\partial c}{\partial t} = D_x\frac{\partial^2 c}{\partial x^2} + D_y\frac{\partial^2 c}{\partial y^2} + D_z\frac{\partial^2 c}{\partial z^2} \tag{6.4}$$

6.2 相互拡散係数とカーケンドールの解法

　フィックの第2法則は非線形微分方程式であるため，解析的に解くことは困難である．そのため，$\widetilde{D}$ の導出には通常，マタノ(俣野)[1]によって提案された図式解法が用いられ，相互拡散係数 $\widetilde{D}$ は次のように示される．

$$\widetilde{D}(c) = -\frac{1}{2t}\left(\frac{dx}{dc}\right)_c\int_c^{c_0} x\,dc \tag{6.5}$$

いま，A，B2種の金属を接合して，高温で時間 t だけ拡散焼鈍させた後のA原子の濃度分布を図6-1とする．濃度曲線の上下の斜線部の面積が等しくなるように，すなわち，$\int_0^{c_0} x\,dc = 0$ となる x を求め，それを横軸の原点とする．この面をマタノ界面(Matano interface)と呼び，通常，元の接合面とは異なる．このようにすると，式(6.5)の $\int_c^{c_0} x\,dc$ は二重斜線部の面積として図形的に求められる．また $(dx/dc)_c$ は濃度 c における接線で与えられる．したがっ

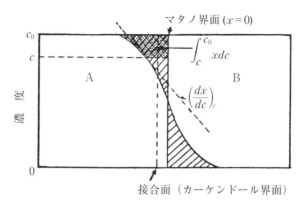

図 6-1 相互拡散による溶質濃度分布とマタノ(俣野)の解法図形.

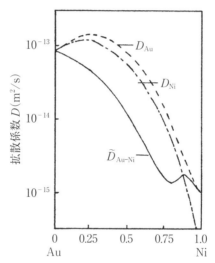

図 6-2 Au-Ni の相互拡散係数 $\widetilde{D}_{\mathrm{Au\text{-}Ni}}$ と Ni, Au の固有拡散係数 $D_{\mathrm{Ni}}, D_{\mathrm{Au}}$ (1173 K).

て，式(6.5)を用いて $\tilde{D}(c)$ を求めることができる．この手法を各濃度 c について行えば，全濃度範囲についての $\tilde{D}(c)$ を求めることができる．**図 6-2** は 1173 K での Au-Ni 合金の $\tilde{D}(c)$（実線）である．70 at%Ni 以上では $\tilde{D}(c)$ はあまり組成に依存しないが，それ以下では急速に $\tilde{D}(c)$ が変化していることが理解できよう．

　マタノの求めた $\tilde{D}(c)$ の意味は次のようである．本来，A 原子および B 原子のそれぞれの固有の拡散係数 D_A と D_B は異なっており，最初の接合面を通して右左に拡散した A，B 原子数は異なっていた（図 6-1 の場合は A＜B）．そのため，最初の接合面を横軸 x の原点とすれば，図 6-1 における斜線部の面積は濃度曲線の上下で等しくならない．そこで，通過した A，B 両原子数が等しくなるような仮想的な面を考え，x の原点としたのである．この取り扱いによって，本来 2 個で表現されるべき拡散係数が，1 個の $\tilde{D}(c)$ で表現されることになる．このように $\tilde{D}(c)$ は A，B 原子が相互に拡散しあった結果を，1 つの拡散係数として表すものであるから，これを相互拡散係数（interdiffusion coefficient）と言う．$\tilde{D}(c)$ と A および B 原子のそれぞれの固有の拡散係数 D_A と D_B の間には，両原子の原子分率を N_A, N_B として，式(6.6)の関係がある．

$$\tilde{D}(c) = N_B D_A + N_A D_B \tag{6.6}$$

この D_A と D_B は固有拡散係数または真正拡散係数（intrinsic diffusion coefficient）と呼ばれ，$\tilde{D}(c)$ と同様に通常，濃度 c によって変化する．

　以上のことは実験的にはカーケンドール効果によって示される．接合面に A，B 金属と反応しない Mo や W などの高融点金属の細線をマーカーとして挟んだ A，B 金属の拡散対を高温で拡散させる．いま，A 原子の移動量が B よりも少ないとすると原子流量は差し引き B 側から A 側に向けて生じ，それと等量の原子空孔が B 側に移動する．そのため，接合面より右側では原子総数が減少して試料端を基準にするとマーカーは右に移動する．この現象をカーケンドール効果という．この効果は A，B 原子の拡散流量が異なっていたこと，および原子が空孔を媒介として置換型原子が拡散している直接の証拠である．マーカーの移動距離 I は，拡散時間を t とすれば次式で与えられる．

$$I = (D_A - D_B)\left(\frac{\partial N_A}{\partial x}\right)t \tag{6.7}$$

N_A はマーカーの位置における A 原子の原子分率である．マーカーを入れた拡散対を用いて I を測定し，さらにその試片の $\tilde{D}(c)$ をマタノ法で求めるとマーカー位置の固有拡散係数 D_A，D_B を式(6.6)および(6.7)の連立によって算出することができる．

6.3 自由エネルギーの要請下における相互拡散

6.3.1 相互拡散に対する熱力学的因子の影響

いままで述べてきたことは，フィックの法則およびその拡張されたものであった．その考えの基本は濃度勾配が拡散の原動力であるとするもので，この中には熱力学的因子は考慮されていない．しかしながら，我々は拡散によって引き起こされる現象が，熱力学的要因によって左右されることを，しばしば経験する．たとえば，均一固溶体中の溶質原子が集合して濃度のより高いゾーンを形成する現象などは，拡散を単に濃度の高い場所から低い場所へ原子が移動するという単純なものとしてとらえることができないことを示している．この点を明らかにした有名なダーケン(Darken)[2]の実験があるが，図は省略する．この実験の意味するところは明らかで，原子の拡散は濃度勾配により生じるのではなく，その合金系が熱力学的に平衡になるように生じるということである．合金が平衡であるということは，すべての成分の部分モル自由エネルギー(partial molar free energy，化学ポテンシャルとも言う)μ がすべての位置で等しいということである．もし成分 i の μ_i が場所によって等しくない場合には，それが等しくなるように拡散が生じる．その結果として濃度が不均一になるような拡散も生じる．力学系において物体に作用する力はポテンシャルエネルギーの勾配に負の符号をつけたものに比例する．それゆえに A 原子の流量 J_A は，フィックの第1法則の代わりに，

$$J_A = - M_A N_A \frac{\partial \mu_A}{\partial x} \tag{6.8}$$

と表される．ここで，M_A は単位のポテンシャル勾配のもとでの A 原子の流れの速さであり，易動度(mobility)と呼ばれる．化学ポテンシャル μ_A は，A 原子の活量(activity)を a_A，標準状態の化学ポテンシャルを μ_A^0 とすれば，

$$\mu_A = \mu_A^0 + kT \ln a_A \tag{6.9}$$

と定義される．k はボルツマン定数である．活量 a_A は A 原子の原子分率 N_A と活量係数(activity coefficient) γ_A との積で与えられる．

$$a_A = \gamma_A N_A \tag{6.10}$$

式(6.9)を x について微分し整理すると，式(6.11)が得られる．

$$J_A = M_A N_A kT \frac{\partial(\ln N_A + \ln \gamma_A)}{\partial x} \tag{6.11}$$

ところで濃度 c_A における，A 原子の拡散に対するフィックの第1法則は

$$J_A = D_A \left(\frac{\partial c}{\partial x} \right)_{c_A} \tag{6.12}$$

である．式(6.11)と式(6.12)の比較から

$$D_A = M_A kT \frac{\partial(\ln N_A + \ln \gamma_A)}{\partial \ln c_A} \tag{6.13}$$

となる．この D_A は濃度 c_A における A 原子の固有拡散係数である．$c_A = N_A$ であるから，$d(\ln c_A) = d(\ln N_A)$ となり，式(6.13)は次式となる．

$$D_A = M_A kT \left(1 + \frac{\partial \ln \gamma_A}{\partial \ln N_A} \right) \tag{6.14a}$$

$$D_{\mathrm{B}} = M_{\mathrm{B}}kT\left(1 + \frac{\partial \ln \gamma_{\mathrm{B}}}{\partial \ln N_{\mathrm{B}}}\right) \tag{6.14b}$$

となる．式(6.14)の $\{1 + (\partial \ln \gamma_{\mathrm{A}}/\partial \ln N_{\mathrm{A}})\}$ は熱力学的因子と呼ばれる．これらの式の意味するところは次のようである．活量係数 γ が1である理想固体中においては括弧内の第2項は0となり，この場合には原子は熱力学的な命令がなく，でたらめなジャンプをくり返しているのみである．この場合でも特定の原子に着目すれば，でたらめなジャンプの結果，ある距離を移動するが，全体としては濃度は不変である．$\gamma \neq 1$ の場合には括弧内の第2項は0ではなく，その分だけ拡散に対して熱力学的命令が働く．$\gamma = 1$ の場合はまさに自己拡散であるから，このときの拡散係数を D^* とすれば，式(6.14)より，

$$D_{\mathrm{A}}^* = M_{\mathrm{A}}kT \tag{6.15a}$$

$$D_{\mathrm{B}}^* = M_{\mathrm{B}}kT \tag{6.15b}$$

となる．したがって，固有拡散係数 D と自己拡散係数 D^* との間には，式(6.14)とギブス-デューエムの関係(Gibbs-Duhem relationship；平衡状態では，$\sum n_i d\mu_i = 0$ である．したがって2元系では μ_1 が既知なら μ_2 が一義的に定まる)を考慮して，

$$D_{\mathrm{A}} = D_{\mathrm{A}}^*\left(1 + \frac{\partial \ln \gamma_{\mathrm{A}}}{\partial \ln N_{\mathrm{A}}}\right) \tag{6.16a}$$

$$D_{\mathrm{B}} = D_{\mathrm{B}}^*\left(1 + \frac{\partial \ln \gamma_{\mathrm{B}}}{\partial \ln N_{\mathrm{B}}}\right) = D_{\mathrm{B}}^*\left(1 + \frac{\partial \ln \gamma_{\mathrm{A}}}{\partial \ln N_{\mathrm{A}}}\right) \tag{6.16b}$$

の関係が導かれる．これらから，俣野の相互拡散係数 $\tilde{D}$ は，式(6.2)より，

$$\tilde{D} = N_{\mathrm{A}}D_{\mathrm{B}} + N_{\mathrm{B}}D_{\mathrm{A}} = (N_{\mathrm{A}}D_{\mathrm{B}}^* + N_{\mathrm{B}}D_{\mathrm{A}}^*)\left(1 + \frac{\partial \ln \gamma_{\mathrm{A}}}{\partial \ln N_{\mathrm{A}}}\right) \tag{6.17}$$

となる．この式をダーケンの式[2]と呼び，自由エネルギー G を含む次式のように書き換えられる．

$$D_A = M_A N_A N_B \left(\frac{\partial^2 G}{\partial N_A^2} \right) \tag{6.18}$$

この式から明らかなように，D_A の正負は $(\partial^2 G / \partial N_A^2)$ の正負によって決まる．過飽和固溶体の多くは2相分離線の中央部で $(\partial^2 G / \partial N_A^2) < 0$ の領域をもっている．このような領域では $D_A < 0$ で，逆拡散すなわち均一な溶質濃度分布から溶質原子の集合した高濃度の領域が自発的に形成される．

6.3.2 濃度変動場における相互拡散と組織の時間発展

いままでの取り扱いは，合金内の溶質濃度が均一またはゆるやかに変動している場合であった．したがって，合金の平均組成が決まれば，その相互拡散係数は定まるとするものである（たとえば，図6-2を見よ）．しかしながら，通常，合金中で生じている濃度変動は複雑であるから，そのような変動場における局所的な拡散がどのようになっているかを知ることは，物質の内部組織の時間変化を知る上に非常に大切である．ここでは，この問題を取り上げて議論しよう．

式(6.17)および(6.18)より，式(6.19)が得られる．

$$\widetilde{D} = N_A D_B + N_B D_A = (M_A N_B + M_B N_A) N_A N_B \frac{\partial^2 G}{\partial N_A^2} \tag{6.19}$$

いま，$N_A = x_A$，$N_B = x_B$ とおき，最初の（　）内を $M(x)$ とおけば，

$$M(x) = (M_A x_B + M_B x_A) x_A x_B$$
$$= M_A x_A x_B, \quad (M_A = M_B) \tag{6.20}$$

となる．よって $M_A = M_B$ のとき，式(6.19)は次のように書かれる．

$$\widetilde{D} = M_A x_A x_B \frac{\partial^2 G}{\partial x_A^2} \tag{6.21}$$

固溶体の自由エネルギー G が正則溶体近似で与えられるとすると，

76　第6章　原子の相互拡散と組織形成

$$G(x) = \Omega x_A x_B + RT(x_A \ln x_A + x_A \ln x_B) \tag{6.22}$$

ここで，Ω は AB 原子間の相互作用パラメータである．式(6.22)を式(6.21)に代入し，各場所の濃度 x_A を，固溶体の平均濃度 x_0 からの変動量 q，すなわち，$q = x_A - x_0$ で書きなおすと，式(6.21)は，

$$\tilde{D}(q) = D_0 + D_1 q + D_2 q^2 \tag{6.23}$$

$$D_0 = M_A RT - 2M_A \Omega x_0 (1 - x_0)$$

$$D_1 = 2M_A \Omega (2x_0 - 1)$$

$$D_2 = 2M_A \Omega \quad (M_A = M_B)$$

となる．原子間相互作用パラメータ $\Omega = 25\,\mathrm{kJ/mol}$ の場合の状態図と，D_0, D_1 および D_2 の各拡散係数の組成に対する変化を，**図 6-3**（a）（b）に示す．この図および式(6.22)より明らかなように，D_0 は濃度変動量 $q = 0$ のときの相互拡散係数である．D_0 が負になっている領域が，図 6-3（a）の $T = 1173\,\mathrm{K}$ におけるスピノーダル領域に対応しており，逆拡散，いわゆる up-hill diffusion が生じる領域である．しかし $q \neq 0$ の場合には，D_1 あるいは D_2 項によっても拡散が生じ，全体の相互拡散係数 $\tilde{D}(q)$ がどのような値になるかは q に依存する．したがって，**図 6-4** のような濃度変動がある場合，場所によって拡散係数 $\tilde{D}(q)$ は異なり，矢印で示した方向へ溶質原子は移動することになる．そのため，図の中央付近の濃度ピークでは高濃度部分が正拡散になり，ピークの頭打ちと粗大化が生じる．具体的な計算例としては，第3章，図3-4を参照されたい．

　このように相互拡散係数は，その場所における局所的な濃度に本来依存するものである．つまり，その合金の平均組成によって与えられる D_0 を中心に $(D_1 q + D_2 q^2)$ 項が加わって，$\tilde{D}(q)$ は変動する．そのため，図 6-3 に見るように，合金の平均組成としては，逆拡散(up-hill diffusion)が生じ溶質原子が集合するはずであっても，場所によっては正拡散(down-hill diffusion)が生じることになる．また逆に平均組成的には，正拡散によって溶質の平均化が生じるはずであっても，$(D_1 q + D_2 q^2)$ 項による変動のため逆拡散が生じ，溶質の濃化

6.3 自由エネルギーの要請下における相互拡散　77

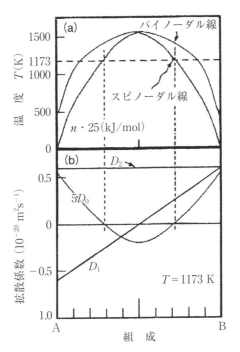

図6-3　A-B 2元系状態図と拡散係数の組成依存性.

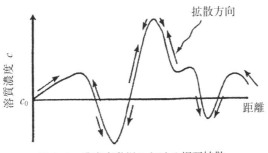

図6-4　濃度変動場における相互拡散.

78　第6章　原子の相互拡散と組織形成

が生じることもある．なお，ここでは固溶体の自由エネルギーとして正則溶体モデルを用いたので，$\tilde{D}$ は D_2 項までで表現されているが，実際の合金固溶体の自由エネルギーは複雑でそのような単純な数式では表現できない．この場合には，過去の研究で求められた実際に則した自由エネルギー式や第3章のスピノーダル分解で示した高次多項式が一般に用いられる．

　以上のことが，場所によって濃度が変動する物質内の拡散挙動，たとえば相分解過程や組織形成を理解する基本となる．

文　　献

（1）　C. Matano : Japan Phys., **8**(1933), 109.

（2）　L. S. Darken : Trans. AIME, **175**(1948), 184.

7

フェーズフィールド法による 組織形成シミュレーション

7.1 まえがき

　近年，計算機の処理能力拡大とアリゴリズムの発展にともない，材料の相変態現象に対する動力学シミュレーションが非常に容易になってきた．材料の組織形成過程を計算しようとする場合，重要な点は基本的に非線形現象が相手であるという認識である．電磁気学や量子力学の世界は，ゆらぎの小さな世界なので，波動方程式等を厳密に解析することによって，高精度の予測が可能である．しかしながら，材料，合金など物質の相変態現象の世界は，非線形性が強く境界条件や初期条件の少しの差によって結果が大きく変化するような，非線形性が現象の大半を支配するゆらぎの大きな世界である．したがって，前者の計算機シミュレーションは，計算の厳密性・正確性が重要であるのに対して，後者では厳密性・正確性をでき得る限り維持しつつ，かつ計算機実験における試行錯誤の容易さが要求される．つまり，相変態・組織形成の計算では，厳密な相変態予測は困難で，計算機シミュレーションと対話しながら，目的とする組織・構造を探索していくことが大切である．

　フェーズフィールド法は，最初に凝固・結晶成長の研究分野で提案された組織形成過程のシミュレーション法であるが，その手法がデンドライト成長などのきわめて複雑なパターンを忠実に再現することが示されたことから，材料組織学に現れる各種のパターン形成に応用する動きが高まり，現在急速に応用範囲が広がり，材料組織のみならず，材料強度などにも適用され，材料全般の将来の学問・研究形態を変えてしまうほどの進展を見せている．

7.2 フェーズフィールド法の基本概念

フェーズフィールド法の基本概念について説明する．まず，この計算法は相変態組織の全エネルギー(組織自由エネルギー)を連続な秩序変数で書き出す[1]．図 7-1(a)は拡散相分解と結晶変態が存在する合金系の化学的自由エネルギー曲面で，濃度軸 c，結晶度軸 s および自由エネルギー軸 G の3軸より構成される．図 7-1(b)はエネルギー曲面の$(G\text{-}c)$面への投影で，平衡状態図でおなじみの自由エネルギー濃度図に相当する．平衡する共役2相の濃度は共

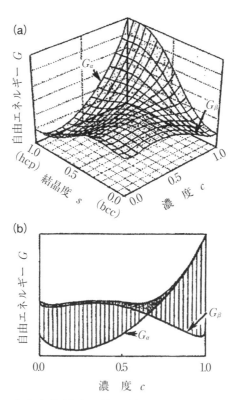

図 7-1 2種類の秩序変数(濃度と結晶度)による化学自由エネルギー局面 (Warren and Boettinger).

通接点の c_α と c_β で与えられるが，結晶構造は異なっている．ここでは，G_α を hcp 構造 $(s=1)$ の，また G_β を bcc 構造 $(s=0)$ の固溶体の化学的自由エネルギーとする．通常，β 相の過飽和固溶体の相分解を考える場合には，β 相が組成の異なる 2 相に分解した後，一方の相が hcp 構造に変わり，最終的に平衡な $(\alpha+\beta)$ 2 相組織になると考える．

　フェーズフィールド法の大胆な点は，図 7-1(a)に見るように，結晶度も連続変数 s で繋いだ点にある．この曲面を利用し，濃度場 c と結晶度場 s の時間変化を発展方程式に基づき同時に解析する計算法がフェーズフィールド法である．濃度 c は保存変数(相変態が進行しても系全体の c は不変)であるので非線形拡散方程式に基づき計算し，一方，結晶度 s は非保存変数(変態の進行につれて変化する規則度や再結晶度など)であるので非保存場の発展方程式(形式的にはアレン-カーン(Allen-Cahn)方程式に等しい)に基づき計算を行う．さらに秩序変数はいくら多くてもかまわないので，濃度場の秩序変数を c_1, c_2, c_3 のように増やせば多元系の計算となり，結晶場の秩序変数を増やせば多数の結晶系が関与した相変態を扱うことになる．この計算法の問題点は，$s=0.5$ のような中間状態の物理的イメージが明確でないことである．$s=0.5$ は bcc と hcp の中間構造を意味するが，その具体的なイメージは存在しない．しかし，自由エネルギー曲面から明らかなように，$s=0.5$ の状態は不安定で，この状態が広く組織内に存在することはなく，あるとすれば，bcc 相と hcp 相の境界部にわずかに存在し得るのみである．一般に結晶形の異なる 2 相が連結している場合，ある結晶面を境に完全にそれぞれの結晶構造に分離していることは，界面エネルギーがきわめて高くなり，考えにくい．通常は界面に遷移構造が存在して，界面エネルギーを低くおさえると考えられている．鋼のマルテンサイトとオーステナイトの界面が連続的な遷移構造によって連結されていることも見出されている．

　フェーズフィールド法は材料組織学において現れる全ての組織形態を計算対象に含むことができるので，この手法には広範囲な現象への適用の可能性がある．さらに粒界や転位などの欠陥も，秩序変数で表せば，格子欠陥のダイナミクス，さらには格子欠陥と相分解の相互作用まで解析できるようになっており，きわめて発展性が高く，興味深い．

7.3 フェーズフィールド法の理論と計算法

以下にフェーズフィールド法の理論と計算法についてその概略を述べよう.

組織全体の自由エネルギー（組織自由エネルギー）はここでは化学的自由エネルギーG_c，界面エネルギーE_{surf} および弾性歪エネルギーE_{str} の総和として記述する．これらのエネルギーは複数の保存秩序変数 $c_i(\mathbf{r})$ および非保存秩序変数 $s_j(\mathbf{r})$ を用いて，次式のように与えられる.

$$G_{sys} = \int_{\mathbf{r}} [G_c\{c_i(\mathbf{r}), s_j(\mathbf{r}), T\} + E_{surf}\{c_i(\mathbf{r}), s_j(\mathbf{r}), T\} + E_{str}\{c_i(\mathbf{r}), s_j(\mathbf{r}), T\}] d\mathbf{r} \tag{7.1}$$

T は温度，$\mathbf{r}$ は 3 次元座標を示す．フェーズフィールド法では，これらの各秩序変数の時間依存は次の 2 つの非線形発展方程式によって与えられる．式(7.2a)は保存場の時間発展方程式で，カーン-ヒリアード方程式と呼ばれているものと同義である．また式(7.2b)は非保存場の時間発展方程式で，アレン-カーン方程式と呼ばれている.

$$\frac{\partial c_i(\mathbf{r}, t)}{\partial t} = \nabla \cdot \left\{ M_{c_i}\{c_i(\mathbf{r}, t), T\} \left[\nabla \frac{\delta G_{sys}}{\delta c_i(\mathbf{r}, t)} + \xi_{c_i}(\mathbf{r}, T, t) \right] \right\} \tag{7.2a}$$

$$\frac{\partial s_j(\mathbf{r}, t)}{\partial t} = -L_{s_i}\{s_j(\mathbf{r}, t), T\} \left[\frac{\delta G_{sys}}{\delta s_j(\mathbf{r}, T)} + \xi_{s_j}(\mathbf{r}, T, t) \right] \tag{7.2b}$$

$M_{c_i}\{c_i(\mathbf{r}, t), T\}$ と $L_{s_i}\{s_j(\mathbf{r}, t), T\}$ は各秩序変数の時間変化に対する易動度で，共に秩序変数と温度の関数である．ξ 項は秩序変数の揺動項であるが，一般には無視して計算される場合が多い．組織自由エネルギーは $G_{sys} = G_c + E_{surf} + E_{str}$ であるから，保存変数と非保存変数の拡散ポテンシャル $x_{c_p}(\mathbf{r}, t)$ と $x_{s_q}(\mathbf{r}, t)$ は次式で与えられる.

$$x_{c_p}(\mathbf{r}, t) \equiv \frac{\delta G_{sys}}{\delta c_i(\mathbf{r}, T)} = \mu_c^{c_p}(\mathbf{r}, t) + \mu_{surf}^{c_p}(\mathbf{r}, t) + \mu_{str}^{c_p}(\mathbf{r}, t) \tag{7.3a}$$

$$x_{s_q}(\mathbf{r}, t) \equiv \frac{\delta G_{\mathrm{sys}}}{\delta s_q(\mathbf{r}, T)} = \mu_c^{s_q}(\mathbf{r}, t) + \mu_{\mathrm{surf}}^{s_q}(\mathbf{r}, t) + \mu_{\mathrm{str}}^{s_q}(\mathbf{r}, t) \qquad (7.3b)$$

各秩序変数の時間発展は以下のように計算する．まず，式(7.3a)および(7.3b)の右辺を数値計算し拡散ポテンシャルを算出し，これらをそれぞれ式(7.2a)と(7.2b)に代入して $\dfrac{\partial c_i(\mathbf{r}, t)}{\partial t}$，$\dfrac{\partial s_j(\mathbf{r}, t)}{\partial t}$ を算出し，式(7.4a)および(7.4b)によって，Δt 時間後の各秩序変数値を求める．これを繰り返すことによって，組織の時間変化を算出する．

$$c_{\mathrm{p}}(\mathbf{r}, t + \Delta t) = c_{\mathrm{p}}(\mathbf{r}, t) + \left\{ \frac{\partial c_{\mathrm{p}}(\mathbf{r}, t)}{\partial t} \right\} \Delta t \qquad (7.4a)$$

$$s_{\mathrm{q}}(\mathbf{r}, t + \Delta t) = s_{\mathrm{q}}(\mathbf{r}, t) + \left\{ \frac{\partial s_{\mathrm{q}}(\mathbf{r}, t)}{\partial t} \right\} \Delta t \qquad (7.4b)$$

このように，フェーズフィールド法は保存場および非保存場を含む組織の自由エネルギー式についての非線形発展方程式を同時に数値解析し，G_{sys} が最も速く減少する組織発展過程を計算機でシミュレーションする手法である．なお，$c_i(\mathbf{r}, t)$ と $s_j(\mathbf{r}, t)$ は位置 $\mathbf{r}$ と時間 t における保存系および非保存系の秩序変数であるから，これが"時空間"における相の場"すなわちフェーズフィールド(phase field)"となっている．

　この一連のフェーズフィールド法の計算において，最も大切なことは拡散ポテンシャル $x_{c_i}(\mathbf{r}, t) = (\delta G_{\mathrm{sys}}/\delta c_i)$ および $x_{s_j}(\mathbf{r}, t) = (\delta G_{\mathrm{sys}}/\delta s_j)$ を正確に求めることである．つまり，相変態にともなって生じる組織の自由エネルギーの評価が最も大切である．拡散ポテンシャルは過去の膨大な実験結果を利用することができる．そのため，過去のデータをどのように利用するかは各自のやり方によって異なる．具体的な計算法は文献[1,2]を見ていただきたい．

　以下に，いくつかのシミュレーションの結果を示す．

7.4 種々の合金におけるシミュレーション結果

7.4.1 Fe-Mo 合金

図 7-2 は Fe-Mo 合金の状態図で，図中の点線と鎖線は準安定バイノーダル線とスピノーダル線である．左右非対称なのは Mo 量に応じて弾性率が高くなるからである．Fe-Mo 系の濃度による格子の濃度膨張係数 η は 0.083 でかなり大きい．弾性異方性パラメータは Fe 側で $A>1$，Mo 側で $A<1$ で，その間は連続的に変化し，等方弾性体は Fe-60 at%Mo 付近で得られる．フェーズフィールド法で計算した，Fe-40 at%Mo 合金(773 K 時効)の 2 次元組織の時間変化を図 7-3 に示す．時効の進行につれて Mo-rich ゾーン(黒色部)が $\langle 100 \rangle$ 方向に形成され($\langle 100 \rangle$ 変調構造)，さらにそれらが粒子間の競合成長をしながら全体として粗大化している．図 7-3 写真中の個所 b や c に見るように，2 粒子が結合して大きな粒子になる場所や逆に 1 個の粒子が 2 個に分裂する場所 a も見られる．これは組織の成長挙動が個々の粒子の安定性のみで決まるのでは

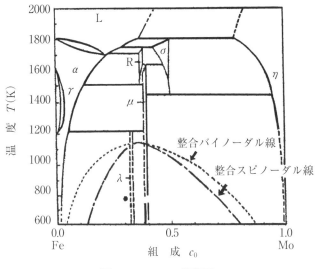

図 7-2 Fe-Mo 状態図.

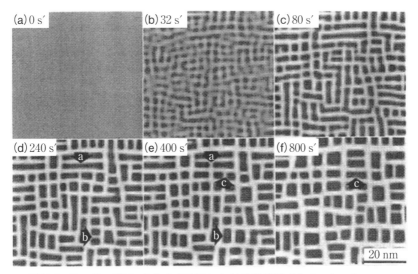

図 7-3　Fe-40 at%Mo 合金の 773 K における組織形成シミュレーション．

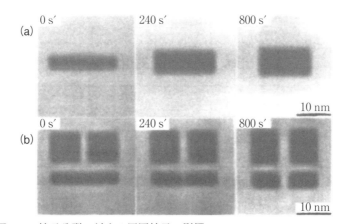

図 7-4　粒子分裂に対する周囲粒子の影響についてのシミュレーション．

なく，周囲の粒子は集団として影響を受けることを示している．このことを端的に示したのが図 7-4 である．この図は柱状粒子を単独で置いた場合（a）と

88 第7章 フェーズフィールド法による組織形成シミュレーション

柱状粒子の近くに2個の粒子を置いた場合(b)の柱状粒子の時間経過による形状変化をシミュレーションで見たものである．(a)の単独の場合には若干の形状変化があるものの形状は大きく変わらないのに対し，後者の(b)の場合は2個の粒子の影響を受けて柱状粒子が2個に分裂している．このことは粒子の形状も周囲の弾性場の影響を受けることを示しており，組織内の粒子が多数ある場合の粒子安定形状を単独粒子のみの安定性で判断することは危険があることを示している．

7.4.2　Al-Zn 合金

次に濃度(保存変数)と結晶構造(非保存変数)の両方を秩序変数とする場合をAl-Zn 合金で示す．**図 7-5** は Al-59 at%Zn を 298 K で時効したときのフェー

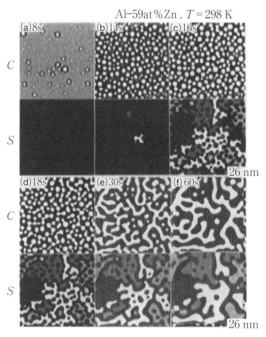

図 7-5　濃度変動 C と結晶度変動 S で表した Al-Zn 合金のフェーズフィールド相分解シミュレーション．

ズフィールド法による計算図である．横方向に時効の進行を示しているが，C と表示されている横欄は溶質濃度分布を示し白色部が Al 高濃度域である．一方，S は結晶度の進行を示し，黒色域は fcc の Al の高濃度域($S=0$)で，灰色部は hcp 結晶構造($S=1$)で明るさの違いは結晶方位の違いを表している．これらの結果から Al-59 at%Zn 合金の相分解の進行は次のように考えられる．まず最初に，相分解は fcc α-相中から微細な球形ゾーンがランダムな位置に形成される．この球形粒子がゾーンであること，すなわち地相と同じ fcc 構造であることは時効初期の 8 sec 時効で濃度表示 C において Al 原子の濃淡(ゾーン)があるにもかかわらず，結晶度 S では識別できないことから明らかである．地相と同じ結晶構造で濃度のみ異なるゾーンが形成されていることを示しており，これはまさに析出ゾーンの定義そのものである．時効が進行すれば，結晶度変数の 14 秒の写真に見るように，地相から hcp 相が析出し始める．その後，それが進行して，種々の結晶方位を持った hcp 構造が析出する．灰色部が全て hcp 構造で，明暗の違いは結晶方位の違いを示している．

7.4.3 Fe-Al 合金

次に Fe-20 at%Al-20 at%Co 規則合金のシミュレーション結果を示す．この合金の 973 K の 3 次元状態図の Fe 側に α 固溶体があり，Al，Co 高濃度側に B2 規則相が広範囲に広がっており，その中に A2+B2 の 2 相共存域がある．この 2 相域内にある合金を高温の B2 単相域で均一化したのち，A2+B2 領域の 923 K で 40 sec 保持したときの計算組織を**図 7-6** に示す．この計算では，保存変数として濃度 c，非保存変数として結晶規則度 x および磁気規則度 s が取り上げられている．まず，濃度図 c_{Fe} からは Fe 原子分布に濃淡ができているが(白色部が高濃度部，黒い線状は逆位相境界)，Al，Co についてはほとんど濃淡がない．すなわち規則格子 B2 の相分解(濃度変動)は主として Fe 原子の濃淡によって生じていることがわかる．次に，結晶規則度 x は Al と Co に濃淡ができ，Fe に関してはほとんど濃淡がない．このことは B2 規則化に関しては Al と Co 原子の貢献を示している．次に，磁気に関しては，Co と Fe 原子は寄与しているのに対し，Al は濃淡がなく，磁気に関しては全く寄与がないことがわかる．

90　第7章　フェーズフィールド法による組織形成シミュレーション

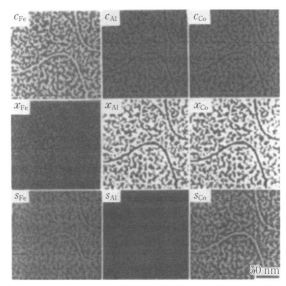

図 7-6　Fe-Al-Co 合金相分解に伴う計算組織．c_j；濃度に対する j 原子の寄与，x_j：規則度への j 原子の寄与，s_j：磁気規則度への j 原子の寄与．

　この手法は現在，多くの合金系のさまざまな現象に適用されている．ここでは取り上げなかったが，材料中の転位を組織として捉えこれらの運動すなわち塑性変形にも適用され，機械的性質の説明，強度開発，さらには組織と強度を結びつけて材料の開発にまでこの手法が適用されつつあり，応用範囲はとどまるところを知らないの感がある．

文　　献

（1）　J. A. Warren and Boettinger : Acta Metall., **43**(1995), 689.

（2）　小山敏幸：日本金属学会誌，**73**(2009), 891.

（3）　小山敏幸，小坂井孝生，宮﨑　亨：まてりあ，**38**(1999), 624-628.

参　考　書

小山敏幸：材料設計計算工学 計算組織学編，内田老鶴圃(2011).

8

組成傾斜時効法の開発と
析出線極近傍の核生成

8.1 まえがき

いままで，組織形成に関連するさまざまな現象が取り上げられてきた．しかしながら，なお研究のほとんど進展していない分野がある．それは析出線近傍における合金の析出挙動，合金や材料の析出線や相境界線での組織変化や相境界での組織の移り変わりに関する詳細な研究が実験・理論共にほとんど行われていないことである．このことは，単に実験がなされていないというだけではなく，以下のような大切なことを見過ごしている可能性がある．

相変態は，内的，外的諸条件により，系に含まれる各相の自由エネルギーのどれかが優勢になり，さまざまな相の出現を促すものであるが，相境界線近傍では，各相の自由エネルギーの優劣がほとんどない．そのため，現象が複雑になり，予想外のことが生じる可能性がある．従来，複雑な現象の内の典型的な現象に研究者が注目を払い，それを線形化して理解することは広く行われてきた．しかしながら，相変態，特に相境界近傍での現象は非線形部分を多く含んでいる可能性があるので，線形理論に基づいた従来の処理はしばしば不十分な結果を与える可能性が考えられる．いままで，ほとんど研究されてこなかった相変態の臨界現象を理解するためにも，相境界近傍での組成の連続的変化に対応した現象の移り変わりに視点を当てた実験的，理論的取り扱いが必要である．さらに，これらの研究を通して，現在の統計熱力学で"unknown"領域と言われる希薄固溶体の相分解挙動に実験的なメスを入れることが可能かも知れない．

8.2 組成傾斜時効法の開発

物質の状態を総合的に表現するには，図 8-1 に示すように，温度軸 T，時間軸 t そして組成軸 c の 3 軸で表記されるべきであろう．温度軸 T と組成軸 c からなる面は状態図であり，温度と時間軸は TTT 図である．組成軸 c と時間軸 t からなる (t-c) 図は他の図と同様に，重要な面であるが，そのような研究はきわめて少ない．それは，組成を連続的に細かく変化させる実験法が確立しておらず，組成的に連続な実験が行われていないからであろう．図 8-1 に示した相変態の総合的な理解のために，組成軸 c に連続的な実験法を確立し，時間軸 t および温度軸 T と組み合わせることにより，相変態をより深く理解することが望まれる．

最近，相変態の新しい解析法として，組成傾斜時効法(Macroscopic Composition Gradient Method, MCG 法)[1,2]が提案されている．これは，合金中へ導入されたマクロな組成勾配を利用することにより，組成による連続的な構造組織変化を分析電子顕微鏡を用いて連続的に観察する新しい実験方法である．こ

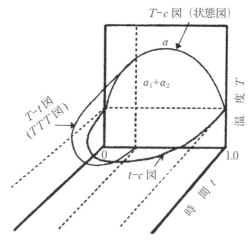

図 8-1　組成(c)，温度(T)および時間(t)の 3 軸で示された相変態の総合表示．

8.2 組成傾斜時効法の開発   95

の方法では，通常，相変態の境界線を跨ぐように，マクロな組成傾斜を導入することもできるので，相境界での構造・組織変化を，組成を緩やかに連続的に変化させながら，詳細に調査することができる．つまり，合金中のマクロな濃度分布を変化させることなく，ミクロな局所的な原子拡散を生じさせ，核形成などの相変態を生じさせる方法である．この方法により，ミクロな相変態の様子を組成に対して連続的に観察することができ，組成軸に沿った実験を行うことが可能となる．この MCG 法を用いて驚くほど多くの未知の実験結果が得られており，また統計熱力学に問題を投げかけている．

8.2.1　組成傾斜時効合金の作成方法

　MCG 合金を作成する方法はさまざま考えられる．ここでは，アーク溶解を利用する方法について記述する．Ni-Al, Ni-Si, Cu-Co, Cu-Ti, Fe-Al 等の 2 元 MCG 合金あるいは Ni-Al-Co などの MCG 3 元合金などの組成傾斜試料が作成可能である．ここでは例として，Ni-Si 2 元 MCG 合金の作成方法について詳しく記述する．まず最初に，測定したい合金組成より若干高濃度の，たとえば Ni-14 at%Si の均一組成の合金を真空アーク溶解で作成し，同じくアーク溶解した純 Ni と接触させて拡散対を作る．この際，両者の接触面は鏡面に仕上げておく．その後，拡散対を真空高温でアーク溶解し溶質濃度に傾斜ができた時点で加熱を中止する．試料を厚さ 0.5～1.0 mm に組成傾斜に沿って切り出す．この際，試片は最初のカーケンドール界面(Kirkendall interface)を含まない領域から採取する必要がある．Ni-15 at% 合金や Cu-20 at% 合金も，同様に作成することができる．3 元系合金の場合には，状態図の共役線の端の組成を両端に持つ拡散対を同様に不完全アーク溶解して作成する．アーク溶解後の試料をその温度で真空中に保持して短時間安定化処理を行う．次に，傾斜試料を低温で所定時間時効したのち急冷する．時効温度は試料の作成温度より 350～400 K 低温にする必要がある．次に，電解研磨で電顕用の薄膜試料にする．組織観察は分析電子顕微鏡を用いて透過組織観察と同時に XPMA を用いて微細局所領域の組成分析をする．

　図 8-2 に典型的な MCG 合金の微細組織を示す．これは Ni-Si MCG 合金を 973 K で 7.2 ks 時効したときの組織で，写真中の多数の白い粒子が Ni_3Si であ

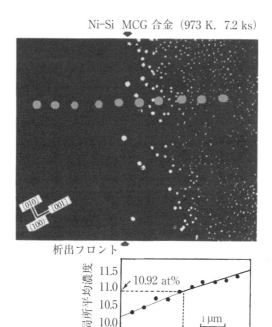

図 8-2 973 K, 7.2 ks 時効した Ni-Si MCG 合金の透過電微 100 暗視野像. 白い粒子は析出した Ni_3Si 析出物, 一列に並んでいる灰色丸印は溶質濃度の測定場所で, その結果は下図の黒丸で示されている.

る. 一列に並んでいる灰色の丸印は溶質 (Si) 濃度を測定した場所を示している. 1個所で5回以上の測定を行い, それらの平均値を図 8-2 の挿入図 (下図) に示してある. なおここで注意すべきことは, 測定濃度値は粒子と地相を含めたその局所領域の平均濃度であって, 粒子だけでも, 地相だけの濃度でもない. そのために測定時の電子線ビーム径を粒子サイズに合わせて大きくして平均濃度を測定する. 図中の実線はこれら測定点について, 誤差関数の最小二乗法を用いて描いたものである. 明らかに Si 濃度は写真右から左に緩やかに減少している. そして溶質濃度の高い場所で析出粒子は小さく, 溶質濃度が低くなるにつれて大きくなっている.

8.3 マクロ濃度勾配法(MCG)の成立要件

　MCG法は，組成の連続性を調べるために，マクロな溶質濃度勾配のある合金試料を用いて，組成の異なる合金の相変態を一気に調べる手法である．すなわち，MCG法は，連続的なマクロな濃度傾斜を持った合金中の相変態を調べることによって，少しずつ濃度の異なる薄板合板集合体での相変態と同じであると仮定する．この仮定が成立するためには，次の条件が必要である，すなわち，合板を構成する各薄板はお互いに熱力学的に独立で，析出などの相変態中に周囲の薄板からの影響を受けないことである．MCG法の有用性を明らかにするために次の2点について検証する．すなわち，第1点は，時効前のマクロな濃度傾斜プロファイルが低温での長時間の時効中に変化しないことを明確にすること，第2点は，たとえMCGプロファイルが時効中に変化しなくても，MCGの存在そのものが組織形成に何らかの影響があるかも知れないので，組織形成にいかなる影響も与えないマクロ濃度勾配の限界値を知ることがきわめて大切である．

8.3.1 時効中のマクロ濃度プロファイル変化(第1の条件)

　時効中のMCGプロファイルの変化を避けるには，時効温度 T_a がMCGの作成温度 T_s よりかなり低温でなければならない．原子拡散の活性化エネルギーが約 250 kJ/mol の通常の合金では，50 K ごとに拡散係数が約 10 倍異なるので，温度差 $T_s - T_a = 400$ K は約 10^8 倍の拡散係数の差を生じる．この大きな拡散係数の差はMCG試料が長時間低温で時効されてもMCGプロファイルには何ら影響を与えない．図8-3 は 1373 K で 3.6 ks 安定化処理したままのFe-Si MCG 合金と，その合金に 300 K 低温の 1023 K で 2.42 Ms の長時間時効処理を加えた Fe-Si MCG 合金について，溶質濃度分布を実験的に調べた結果である．2つの実験結果は完全に一致しており，両者のマクロ濃度分布に何ら違いは認められない．したがって，時効温度が安定化温度より 300〜400 K 低温であれば，マクロ濃度分布は時効しても何ら影響されないと言える．

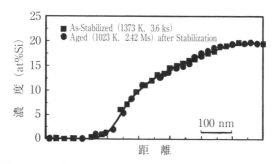

図 8-3 長時間低温時効によるマクロ組成傾斜の変化.

8.3.2 組織に対する MCG 存在の影響(第 2 の条件)

次に，第 2 点目の MCG が存在すること自体による相変態への直接的な影響を検証する．マクロ組成勾配のプロファイルが時効中に変化しないとしても，MCG の存在そのものが組織形成に影響を与える恐れがある．MCG 合金には図 8-4 に見るように粒子の体積率に傾斜があると考えられるので，そのことによる弾性的な影響を考慮する必要がある．

（b）の不均一分布の組織勾配歪エネルギーは

$$E_{str}^{stgrad} = E_{str}^{inhom} - E_{str}^{hom}$$

で与えられる．ここで，E_{str}^{inhom} は不均一分布組織の弾性歪エネルギー，E_{int}^{hom} は均一分布組織の弾性歪エネルギーである．詳細は文献[1,2]を参照していただきたい．いまここで，組織勾配弾性歪エネルギー E_{str}^{stgrad} が均一分布の粒子間弾性相互作用エネルギー E_{int}^{hom} の 1000 分の 1 以下のときに傾斜による影響を与えないと仮定する．第 5 章, 図 5-6 から明らかなように，粒子間弾性相互作用エネルギー E_{str}^{inhom} は弾性歪エネルギー E_{str}^{hom} の約 5% であるから，マクロ組成傾斜法が安全に成立するためには式(8.1)が成立することが必要である．

$$E_{str}^{stgrad} \leq \frac{1}{20000} E_{int}^{hom} \tag{8.1}$$

8.3 マクロ濃度勾配法(MCG)の成立要件　99

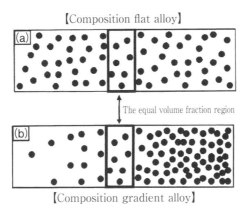

図8-4　組成が均一な合金(a)と組成傾斜合金(b)を時効した場合の析出粒子の分布に関する想定図．中央の黒枠部では粒子体積率が等しい．

式(8.1)の条件を用いマクロ組成傾斜の限界値，すなわち，最大許容傾斜をFe-Mo合金について求めると，10 at%/μmとなる[1,2]．

8.3.3　非線形拡散方程式による組織変化の検証

次に，非線形拡散方程式に基づき，傾斜合金中の組織の時間発展を動的に調べ，エネルギー的に求めたMCG限界値10 at%/μmの正当性を検証する．

組織についての全自由エネルギーは第7章の式(7.1)で与えられているので，その時間発展方程式は次式で与えられる．

$$\frac{\partial c_i(\mathbf{r}, t)}{\partial t} = \nabla \cdot \left\{ M_{c_i}\{c_i(\mathbf{r}, t), T\} \left[\nabla \frac{\delta G_{\text{sys}}}{\delta c_i(\mathbf{r}, t)} + \xi_{c_i}(\mathbf{r}, T, t) \right] \mathbf{r} \right\} \quad (8.2)$$

この計算に用いた諸定数は**表8-1**に示されている．また，各種合金の濃度膨張係数は**表8-2**に与えられている．これら各パラメータ値は弾性拘束の大きいFe-Mo合金の数値とほぼ同一である．弾性拘束が大きいほど組成傾斜が組織形成に影響するので，ここでの計算結果は，Au-Ni合金等の特別に大きな弾性拘束系を除き，ほとんどの合金系で成立する．式(8.2)の非線形拡散方程式の計算法はすでに第6，7章で説明したので，ここでは結果のみ示す．図8-

第8章 組成傾斜時効法の開発と析出線極近傍の核生成

表8-1 計算に用いた Fe-Mo MCG 合金の諸定数.

温度(K)	773	
合金組成	Fe-30 at%Mo	
組成傾斜(μm)	0.0, 0.1, 0.5	
弾性定数 $C_{ij}(10^4 \text{ MNm}^{-2})$		
C_{11}^{Fe} C_{11}^{Mo}	23.3	46.3
C_{12}^{Fe} C_{12}^{Mo}	13.5	16.1
C_{44}^{Fe} C_{44}^{Mo}	11.8	10.9
格子ミスマッチ η	0.083	

表8-2 各種合金の格子ミスマッチ $\eta = \left(\dfrac{\partial a}{\partial c}\right)$.

Cu-Co	Al-Zn	Ni-Al	Ni-Si	Fe-Mo	Au-Ni
0.019	0.026	0.043	0.057	0.083	0.15

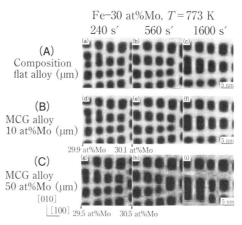

図8-5 組成傾斜の異なる Fe-30 at%Mo MCG 合金を 773 K で時効した場合の非線形拡散方程式による組織の時間発展過程の2次元シミュレーション.(A)定濃度合金,(B)組成傾斜合金(10 at%/μm),(C)組成傾斜合金(50 at%/μm).

8.3 マクロ濃度勾配法(MCG)の成立要件　　101

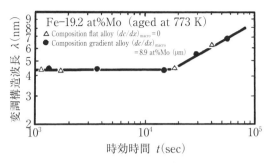

図 8-6　Fe-19.2 at%Mo 合金(定濃度)と 8.9 at%Mo/μm のマクロ組成傾斜をもつ Fe-20 at%Mo MCG 合金を温度 773 K で時効した場合の変調構造の波長変化の差異.

5 は計算によって求められた組織発展過程で，(A)は組成均一材(0 at%/μm)における相分解過程，(B)は最大許容傾斜 10 at%/μm における相分解過程，(C)はさらに傾斜の大きい 50 at%/μm の場合である．マクロ組成傾斜は各図の右から左へ Mo 濃度が減少するように設定してあり，また領域全体の平均組成が均一材と等しくなるように設定されている．また，図の上下方向には組成の傾斜はない．初期濃度ゆらぎは計算機の乱数により作製し，その濃度ゆらぎは約 ±1% 程度とした．なお，すべての計算の乱数発生は同一の種(seed)を用い，かつ初期濃度ゆらぎも同一にした．つまり，均一材と傾斜材との初期濃度の違いはマクロ組成傾斜の有無だけである．Mo 濃度は黒さの度合いにて表されている．図 8-5 から明らかなように，マクロ組成傾斜が最大許容傾斜 10 at%/μm の場合には，均一材(A)と傾斜材(B)の組織形成に差は認められない．しかしながら，最大許容傾斜より 5 倍大きい(C)では，時効初期の組織形態に関しては顕著な差はないが，後期ではマクロ組成傾斜に垂直な方向に析出物の粗大化が生じており，明らかにマクロ組成傾斜の影響が認められる．

　図 8-6 は Fe-19.2 at%Mo(濃度一定)合金と，その組成を中心に 8.9 at%Mo/μm のマクロ組成傾斜を有している Fe-Mo MCG 合金を 773 K で時効したときのスピノーダル分解による変調構造の波長変化を実験で検証したものである．両合金の変調構造の波長は完全に一致しており，10 at%/μm 程度のマクロ組成傾斜は相分解に対して何ら影響しないことが明らかである．

このように，拡散方程式に基づいて組織形成経過を動的に解析しても，10 at%/μm 以下のマクロ組成傾斜であれば，組織形成に対するマクロ傾斜の影響はないことが明らかである．

8.4 組成傾斜合金の時効による組織変化

図 8-7 は Ni-Al 組成傾斜合金を，973 K で 10.8 ks 時効した内部組織で，透過電顕の 100 暗視野像である．白く光っている粒子が γ′(Ni₃Al)析出粒子である．写真中の灰色の丸印は XPMA 組成分析の位置で，その位置における局所平均組成は図 8-7 の挿入図に示されている．挿入図内の実線は，測定データに基づき誤差関数の最小二乗法を用いて決定した濃度曲線である．Al 濃度は図の右から左にかけて数 μm に渡って連続的に減少している．高 Al 濃度側では細かな整合 γ′ 粒子が多数存在するが，濃度の低下にともない粒子数は減少し，ついには粒子は見られなくなる．つまり，写真上下の 2 個の矢印を結ぶ直線が 973 K で 10.8 ks 時効した時点の整合析出限界濃度"析出フロント"であり，この組成は挿入図から 12.0 at%Al と求められる．さらに時効すると，析出フロントは Al 低濃度側へ移動する．

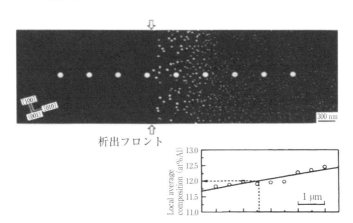

図 8-7 Ni-Al 組成傾斜合金(973 K, 10.8 ks 時効)の電子顕微鏡 100 暗視野像．白い立方体状の粒子は Ni₃Al 析出物．灰色の丸印は局所平均濃度を測定した場所を示し，それらの測定値は下段の挿入図の白丸で与えられている．

8.4 組成傾斜合金の時効による組織変化　103

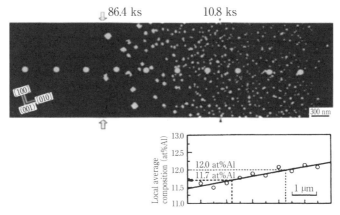

図 8-8 Ni-Al 組成傾斜合金(973 K, 86.4 ks 時効)の電子顕微鏡 100 暗視野像. 86.4 ks 時効の析出フロントは 11.7 at%Al で, 10.8 ks の 12.0 at%Al より, 明らかに低 Al 側に移動している.

図 8-8 は 86.4 ks 時効した試料の内部組織で, 析出フロントは 11.7 at%Al である. 10.8 ks 時効における析出フロント位置の組成(12.0 at%Al)は, この図では写真上下の小さな矢印位置に対応する. これより, 析出フロントが時効の進行にともない低 Al 濃度側へ移動していることは明らかである. したがって, 図 8-8 の大矢印(86.4 ks)と小矢印(10.8 ks)の間に観察される析出粒子は 10.8 ks 以降の時効によって出現した粒子である. なお, 析出フロントの移動は, 試料全体のマクロ組成傾斜自体の移動によるものでなく, 析出核生成のための潜伏期(incubation period)の組成依存性(濃度の低い合金ほど析出のための化学的駆動力が小さい)に起因するものである. 同様な現象は, 多くの MCG 合金で観察されている.

図 8-9 は Ni-Si MCG 合金の例で, 時効時間が長くなるにつれて析出フロントが低 Si 側に移動していることが明らかである.

ここで注目しなければならないのは, 析出フロントの粒子が例外なく最も大きく, 低濃度側に粒子が観察されないことである. したがって, フロントにある大きな粒子は, 小粒子が最初に形成され, それが成長粗大化したものでは決してなく, そのサイズでいきなり核形成されたものである. つまり, 析出線の

104　第8章　組成傾斜時効法の開発と析出線極近傍の核生成

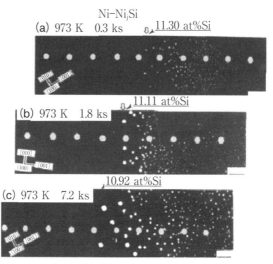

図 8-9　Ni-Si MCG 合金の時効時間による微細組織の変化と析出フロントの移動．析出フロント組成は太字数字で記載．

ごく近傍では最初から巨大な核が形成されているということである．

8.5　析出線近傍における核安定性の検証

　析出粒子の安定性は，粒子の周囲の溶質濃度 c_a と粒子界面における平衡溶質濃度 c_e の関係によって決まることはよく知られており，析出核生成や粒子の安定性を考える上で，基本となる重要な数値である．図 8-7，図 8-8，図 8-9 等に示した析出フロントの組織から，平衡溶質濃度 c_e を各粒子について実験的に直接求めることができる．この手法を図 8-10 を用いて説明する．図は上段より，それぞれ，組成傾斜領域の局所濃度 c_a，組成傾斜試料内の相分解組織の模式図および析出フロント組成①とそれより高組成域②における析出粒子の濃度プロファイルの模式図である．析出粒子の体積分率 f は次式で与えられる．

8.5 析出線近傍における核安定性の検証

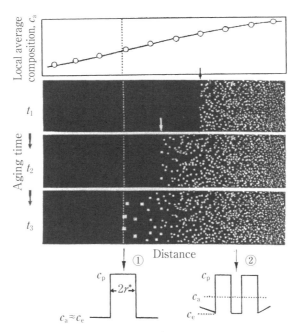

図 8-10 組成傾斜合金の組織から半径 r^* の析出核の平衡溶質濃度 c_e を求める方法.最上図は局所平均組成 c_a,中段は時効時間に対する組織の変化および下段は析出粒子近傍の溶質濃度分布を示す.

$$f = (c_a - c_e)/(c_p - c_e) \tag{8.3}$$

c_p は析出相の溶質濃度,c_e は界面における平衡溶質濃度である.ここで時効時間 t_3 の組織について考察する.高濃度域で析出粒子が多数析出している場合には,プロファイル②のように,局所平均組成 c_a と析出粒子界面における平衡溶質濃度 c_e は異なっている.しかしながら,析出フロントでは析出粒子の体積分率は $f \simeq 0$ であり,式(8.1)からプロファイル①のごとく,$c_e \approx c_a$ となる.c_a は図 8-10 の最上図から実験的に測定することができ,また析出フロントにおける粒子サイズ r も写真から測定できるので,析出フロントの粒子にのみ着目すれば,粒子サイズ r と $c_e (\approx c_a)$ の関係を導くことができる.時効時間 t を変えてフロント位置を変え,粒子サイズを変えて,この操作を繰り返

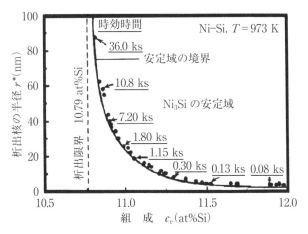

図 8-11 Ni-Si 組成傾斜合金における Ni_3Si 析出核についての,析出核サイズ r^* と析出核界面における平衡溶質濃度 c_e およびこれらの核の生成時間の関係.

せば個々の粒子核サイズについての平衡溶質濃度 c_e と核形成時間 t を求めることができる.

以上の考えに基づき,Ni-Si 合金における臨界析出核サイズの組成依存性を実験的に測定した結果が図 8-11 である.縦軸は臨界サイズ r^* で,横軸は析出フロント位置における Si 濃度 $c_e (\approx c_a)$ である.図中の多くの小黒丸は,種々の時効時間における析出フロントでの粒子サイズであり,その粒子が形成されるに必要な時間が記載されている.図中の実線は測定点の下限を結んだ線で,これが最小の析出粒子サイズ r^* と合金組成 c_e の関係を示したものである.この曲線より上側は析出粒子が熱力学的に安定に存在できる領域である.この曲線より下側は粒子の不安定領域で,この領域では析出粒子は存在できない.つまり,図 8-11 の黒丸印の粒子は安定に存在できる最小析出粒子,すなわち臨界核サイズを示している.同様な実験結果は他の多くの合金でも例外なく見られる.

表 8-3 は Cu-Ti 合金における溶質過飽和度,Cu_4Ti 粒子の臨界核サイズおよび臨界核の形成時間を示している.

8.5 析出線近傍における核安定性の検証 *107*

表 8-3 Cu-Ti MCG 合金の界面における平衡溶質濃度 c_e, 核サイズ r^* および核生成時間 t の関係.

過飽和度	核サイズ(nm)	時間 t (秒)
0.775	3.00	3.0
0.615	4.55	5.0
0.501	4.70	10.0
0.205	5.01	15.
0.525	7.50	20.
0.065	15.3	30
0.050	26.0	60

従来の核生成理論では,臨界核の半径は

$$r^* = 2\gamma_s / \Delta G_c^{vol} \qquad (8.4)$$

で与えられ,ΔG_c^{vol} は次式で与えられる.

$$\Delta G_c^{vol} = -(1/V_m) RT \ln\{c_e(r)/c_a(\infty)\} \qquad (8.5)$$

式(8.4)と式(8.5)より

$$c_e(r) = c_a(\infty) \exp(2\gamma_s V_m / rRT) \qquad (8.6)$$

この式をギブス-トムソンの式といい,粒子サイズ r と界面における平衡溶質濃度 c_e の関係を表す式である.これは正に図 8-11 の関係を表すものである.

図 8-12 は,種々の合金について,臨界核サイズと溶質飽和度について式(8.4)に従ってスケーリングしたものである.合金も違い,時効温度も異なる合金がギブス-トムソン式でスケールされることは,これらの合金がギブス-トムソンの式に従っていることを意味し,さらに現行の核生成理論で説明されることを意味している.

図 8-13 は,Cu-Co 通常合金および Cu-Co MCG 合金についての,過飽和度 Δc と Co 析出核サイズ r^* との関係を示している.ハーゼンとワーグナー(Haarsen-Wagner)[4,5]らは濃度の異なるいくつもの低 Co 濃度 Cu-Co 合金を

108　第 8 章　組成傾斜時効法の開発と析出線極近傍の核生成

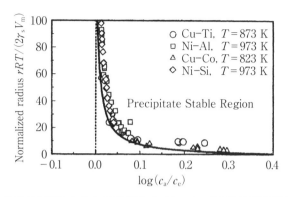

図 8-12　多種の MCG 合金の析出核サイズについての過飽和濃度に関するスケール図.

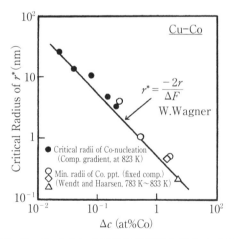

図 8-13　Cu-Co 合金における過飽和度と核サイズの関係.

用いて，苦心の結果，そのときの条件で電子顕微鏡的に観察され得る最小の粒子を安定析出核と判断して図 8-13 を作成した．この方法で測定することができた合金濃度の最低限度は $\Delta c = 0.3$ at%Co であった．この原因は，通常の低濃度の合金では各合金の相対的な濃度を正確に決定できないからである．つま

り，いくつかの低濃度合金を個別に作成しても，各試料を 0.01% 程度の精度で濃度決定ができないからである．それに対して，黒丸の MCG 合金では連続的な滑らかな濃度変動を利用しているので，各場所の濃度を相対的に正確に決定できる．そのため，図中の黒丸は 0.01 at% 付近まで測定されている．図中の実線は式(8.2)によって理論的に引かれた Δc と r^* の両対数プロットで，きわめて低い溶質濃度まで式(8.7)が成立していることが明らかである．

$$r^* = -2\gamma/\Delta G_c^{\mathrm{vol}} \tag{8.7}$$

これは，組成傾斜時効法という新しい解析手法の開発によって，初めて可能になったもので，核生成研究やその他の臨界現象を理解する上に，新しい道を開くものであろう．また，図 8-12 に示したように，ギブス-トムソン式も完全に成立している．このように，実験結果は全て現行の熱力学によって説明されるものである．大粒核といえどもそのサイズはギブス-ボルツマンの熱力学によって与えられるものと一致している．

　しかしながら，このような大きな核がどのような機構によって比較的短時間の時効で出現するのか，はたして核生成機構によって出現しているのか，ギブス-ボルツマンの自由エネルギー式で導かれているいわゆる N-G 領域(第 2 章参照)がはたして存在するのかなどの疑問には理論的に正当な説明がなされていない．それゆえに，組成傾斜時効法による実験結果に基づき速度論的に検討する．

8.6　核生成の速度論的検討

　核生成のための速度論によれば，核生成の頻度 ϕ は，良く知られているように，式(8.8)で与えられるとされている．

$$\phi = A_{\mathrm{d}} M(c) \exp\left(\frac{-Q_{\mathrm{d}}}{kT}\right) \cdot A_f \exp\left(\frac{-\Delta G^*(c)}{kT}\right) \tag{8.8}$$

Q_{d} は溶質原子の拡散の活性化エネルギーであり，$\Delta G^*(c)$ は核生成のためのエネルギー障壁，$M(c)$ は原子の易動度である．式(8.8)の右辺第 1 項を取り

出し次式のように書き換える.

$$\phi_{\mathrm{d}} = A_{\mathrm{d}} M(c) \exp\left(\frac{-Q_{\mathrm{d}}}{kT}\right) \tag{8.9}$$

この式は原子の拡散によって律速されている現象の頻度を示している. 相変態がこの機構で律速されている場合の活性化エネルギー Q_{d} は原子拡散の活性化エネルギーであり, たとえばスピノーダル分解や析出粒子のオストワルド成長など溶質原子の拡散が反応を律速している場合である. 一方, 第2項は

$$\phi_f = A_f \exp\left(\frac{-\Delta G^*(c)}{kT}\right) \tag{8.10}$$

核生成時のエネルギー障壁によって変態が律速される場合である. 自由エネルギーとしてギブス–ボルツマンの自由エネルギー式を用いて, N–G 領域で核生成するためには, 次式のボレリウスの核生成エネルギー障壁 $\Delta G^*(c)$ を確率的に凌駕しなければならない.

$$\Delta G^*(c) = 4\pi (r/a_0)^3 \Delta F_V \tag{8.11}$$

ここで, ΔF_V はギブス–ボルツマンの自由エネルギー曲線における N–G 領域での配置のエントロピーに起因する自由エネルギーの落ち込みによるエネルギー障壁である. このことは, 古典的核生成理論のみでなく, 緩やかな界面を取り入れたカーンの新しい核生成理論を用いても, ギブス–ボルツマンの自由エネルギー曲線を用いる限り, 基本的に同様である. **表 8-4** は Ni-Si MCG 合金の核径について, 式(8.6)を用いてボレリウスの障壁エネルギー $\Delta G^*(c)$ を算出したものである. 表から明らかなように, 実験で得られた大粒径の析出核について信じ難い大きな $\Delta G^*(c)$ 値となる. ベッカーの理論でも同様に膨大な数値となる. このような大きな障壁エネルギーになる原因は析出核サイズが巨大なことにある.

　ギブス–ボルツマンの自由エネルギー式を用いる限り, 析出型の合金では低濃度域には必ず N–G 領域が存在するが, その領域で形成される巨大析出核の生成が動的に説明できない

8.6 核生成の速度論的検討　111

表 8-4　核サイズの増加に伴う障壁エネルギーの増加.

核サイズ(半径)nm	Borelius type(kJ/mol)
1	0.8×10^2
5	1.0×10^4
10	8.0×10^4
20	6.4×10^5
30	2.2×10^6
50	1.0×10^7

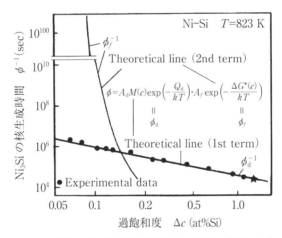

図 8-14　Co-Co 合金における過飽和度と Co 粒子の核サイズの関係.

　以上のことを踏まえて，実験で得られた巨大核がどのような機構で形成されているかを調べることができる．図 8-14 は Ni-Si MCG 合金を 823 K で種々の時間時効した場合の核サイズと式(8.9)および(8.10)式による理論曲線を示したものである．図中の直線は(8.9)式によるもので，時間の単位にするために頻度の逆数 ϕ_d^{-1} で表してある．また，横軸は過飽和度 Δc で示している．一方，式(8.10)については，$\Delta G^*(c)$ に表 8-4 の数値を代入して算出したもので

第 8 章　組成傾斜時効法の開発と析出線極近傍の核生成

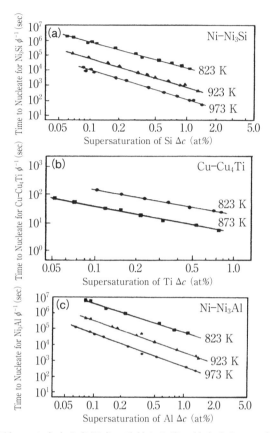

図 8-15　各種 MCG 合金を各温度で時効した際の核生成までの時間と過飽和度の関係.

ある．過飽和度が 0.1 at% 程度まで低下し核サイズが 50 nm 程度にまで大きくなると，核生成時間 ϕ_f^{-1} が極端に長時間になり，この機構で律速されているとは到底考えられない．図 8-14 において Ni-Si 合金の Ni_3Si の核生成の実験値は黒丸で示されているが，(8.9)式の直線とよく一致している．このことは，実験値は(8.9)式によってのみ律速されており，(8.10)式とは何ら関係がないことを明瞭に示している．つまり，合金組成としてはいわゆる N-G 領域であ

るにもかかわらず,実験的に得られた巨大析出核はスピノーダル分解形式の原子拡散にのみ律速されており,いわゆる核生成のプロセスを経過していないと言える.この直線関係は他の時効温度でも,他の合金系でも認められる.図 8-15 は Ni-Ni$_3$Si, Cu-Cu$_4$Ti, Ni-Ni$_3$Al を所定温度で時効したときの過飽和度と核生成時間の実験値を示したものである.いずれも図 8-14 のように,拡散律速の関係が得られている.これらから,活性化エネルギーを求めると Ni-Ni$_3$Si MCG 合金で 221 kJ/mol,Ni$_3$Al MCG 合金で 234 kJ/mol そして Cu-Cu$_4$Ti MCG 合金で 190 kJ/mol である.これらの数値はいずれもそれぞれの合金中の溶質元素の拡散の活性化エネルギーにほぼ一致している.このことは,低濃度合金で観察された大粒子核は,ギブス-ボルツマン式の N-G 領域にもかかわらず,スピノーダル分解形式によって形成されたと言える.この結果は図 8-16 のように,相分解はスピノーダル分解機構でのみ生じ,いわゆる N-G 分解は存在しないことになる.

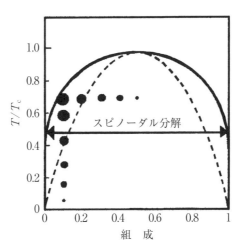

図 8-16 MCG 合金で実験的にスピノーダル分解が生じる範囲.

8.7 析出線近くの巨大核の形成と熱力学的問題点

図 8-11 や表 8-3 に示したように，析出線のごく近傍では半径 50 nm にも及ぶ巨大な核が形成される．この巨大核は，図 8-12，図 8-13 に示すように，ギブス−ボルツマンの熱力学によって与えられる低濃度域における核サイズに一致している．

しかしながら，このような巨大核がどのような機構によって形成されるのかについては，速度論的説明が困難である．半径 50 nm の核を形成するためのエネルギー障壁は，どのような核生成理論（第 2 章参照）でも，10^8 kJ/mol 程度となり，通常の核生成の活性化エネルギー約 10^2 kJ/mol に比較して極端に大きい．核生成は熱揺動によって形成されると考えられているが，このような大きなエネルギー障壁を熱揺動で越す確率は 0 に近い．核形成のためのエネルギー障壁の大きさは核を構成する原子数に比例する（第 2 章，式 (2.2) 参照）ので，数 nm 以下の小さな核なら熱揺動によって生成できる可能性はあるが，10^6 個以上の原子からなる半径 50 nm もの巨大核が熱ゆらぎでエネルギー障壁を確率的に越して安定化することなど不可能である．現行のギブス−ボルツマンの自由エネルギー式 (1.2) を用いる限り，スピノーダル組成より外側の組成ではエネルギー障壁が存在するので，核生成時にこの障壁を避けることはできない．したがって，ギブス−ボルツマンの自由エネルギー式を用いる限り，いかなる核生成モデルを用いても，巨大核の生成を説明することはできない．もともと相変態の駆動力は化学的エネルギーが促進項であり，他のエネルギーは変態の抑止項である．しかるに，いわゆる N-G 領域では化学的自由エネルギー $G > 0$ であり，相変態は起こりにくい．組織自由エネルギーの非線形拡散方程式を解くフェーズフィールド法においても，スピノーダル組成より若干低濃度側（N-G 領域）での計算では非線形拡散の働きによって，可能な場合もあるが，さらに低濃度合金での計算は困難で，まして実験的に検証されている過飽和度 0.1% 以下の合金での巨大核の生成をシミュレーションで再現することなど全く不可能である．

この N-G 領域のエネルギー障壁の発生は，自由エネルギー濃度曲線が状態

図(miscibility gap)の端で，急勾配で下に凸になっていることに起因している．つまり，自由エネルギーのエントロピー項に起因して発生している．ボルツマンのエントロピーの濃度勾配 $(\partial G/\partial c)$ は端の組成で $-\infty$ であるから，相分離型固溶体の自由エネルギー曲線は上に凸なエンタルピー曲線との連結部付近に変曲点が必ず存在することになる．これが相分離型合金の状態図に N–G 領域が存在する原因である．

　金属，セラミックス，高分子のうち，配置のエントロピーは圧倒的に金属合金において大きい．それは，合金では原子配置なので格子上に原子が配置される仕方の数は多いのに対し，セラミックスや高分子は分子配列なので著しく配置に制限があり，配置の仕方の数に差があるからである．

　金属合金はエントロピーが大きな世界である．

　現行のギブス–ボルツマンのエントロピーは，原子小集団の短範囲相互作用が系のどの場所でも成立することを認めるもので，系の中では温度が変化しない限り，いつでもどこでも均一不変である．つまり，エントロピーは"加法的[6](extensive)"で，広範囲の不均一ゆらぎは考えられていない．このことが前述の困難の原因であろうと考えられる．もともと，ギブス–ボルツマンの自由エネルギー式はごく低濃度域では適用できず，この領域は"unknown"領域と呼ばれ，その原因がエントロピーの加法性にあるとされてきた[6]．しかしながら，Tsallis[7,8]によって，長範囲相互作用を考慮したエントロピーが近年，提案されている．その結果，エントロピーは非加法(non-extensive)となることが示され，原子集団の大きさ q によってエントロピーが異なることが示された．それゆえ，エントロピーは空間的不均一性を有し，かつ，低濃度固溶体ほど，この傾向が顕著になることが示された．このことは，低濃度合金においては，エントロピー項の寄与が少なくなり，自由エネルギー中のエンタルピー項がより支配的になることを示している．この場合は，自由エネルギー曲線はエンタルピー支配となり，上に凸な2次曲線に近づき，エネルギー障壁が小さくなる可能性がある．すなわち，前述の N–G 領域の難問を解決する可能性があるように思われる．

　しかしながら，Tsallis のエントロピー式には原子集団の大きさに関する変数 q が導入されている．エントロピーのみの評価ではこれでも良いが，熱力

学の平衡関係には大問題が生じる．変数が1つ多いため，たとえば，ギブス-デューエムの関係が成立しない．したがって，現時点では熱力学における平衡関係が成り立たず，状態図も示すことができない．もちろん，熱力学に基盤をおいた拡散方程式も成立しない．Tsallis の理論は，現在，盛んに議論が行われており，ギブス-ボルツマンの統計熱力学との整合性が検討されている[7-9]．将来，道が開かれる可能性があるように思われる．

　著者達がこの問題に手をつけたのは，理論的に解を得ることが非常に困難なので，実験的に追求することによって現象的に一歩でも正解に近付こうとしたためである．その結果，新しい未知の実験結果が得られ，理論との非整合な現象が明らかになってきた．

　我々が日頃何気なく用いている統計熱力学にも力の及ばない領域が身近に存在することを認識しておかなければならない．特に，若い学生，院生諸君に関心を持ってほしいと思う．

文　　献

（ 1 ）　T. Miyazaki：Progress in Materials Science, **57**(2012), 1010-1060.

（ 2 ）　T. Miyazaki and S. Kobayashi：Phil. Mag., **90**(2010), 305-316.

（ 3 ）　H. I. Aaronson and F. K. LeGoues：Metall. Trans. A, **23A**(1992), 1915-1945.

（ 4 ）　P. Haasen and R. Wagner：Metall. Trans. A, **23A**(1992), 1901-1914.

（ 5 ）　C. Wagner：Z. Electrochem., **65**(1961), 581.

（ 6 ）　J. W. Cahn：private comnication.

（ 7 ）　C. Tsallis：J. Stat. Phys., **52**(1988), 479.

（ 8 ）　C. Tsallis：Nonextensive statistical mechanics and thermodynamics：historical background and present status. in ［Nonextensive statistical mechanics and its application(ed. S. Abe and Y. Okamoto), Springer(2000)］.

（ 9 ）　例えば E. M. F. Curado and C. Tsallis：J. Phys., **A24**(1991), 69-72.

参　考　書

C. Tsallis：Nonextensive statistical mechanics and thermodynamics：historical background and present status. in ［Nonextensive statistical mechanics and its application(ed. S. Abe and Y. Okamoto), Springer(2000)］.

索　引

あ
アイゲン(eigen)歪 ················· 5
暗視野像 ···························· 102
安定な析出核 ······················· 15
unknown ···························· 115

い
〈100〉変調構造組織 ················ 26
易動度(mobility) ··················· 73

え
N-G 分解 ···························· 12
MCG 法
　(Macroscopic Composition Gradient
　Method) ························· 94
LSW 理論 ··························· 51
エンブリオ(embryo) ·········· 15,18

お
オストワルド成長
　(Ostwald ripening) ············· 51

か
カーケンドール効果 ················ 71
界面エネルギー ················· 6,40
界面転移
　(interfacial dislocation) ········· 42
核生成のためのエネルギー障壁 ········ 18
加法的(extensive) ················ 115

き
規則格子 ····························· 4
規則相分解 ························· 33
規則度
　(order parameter) ················ 4
ギブス-デューエムの関係 ·········· 116

＿
ギブス-トムソンの式 ·········· 49,107
ギブス-ボルツマンの自由エネルギー式
································· 19,109
逆拡散(up-hill diffusion) ··········· 76

こ
交換エネルギー
　(interchange energy) ············· 3
格子ミスマッチ ···················· 37
古典的核生成理論 ·················· 18
古典的均一核生成理論 ·············· 13
固有拡散係数 ···················· 71,73
混合自由エネルギー
　(mixing free energy) ············· 3

し
自己拡散(self diffusion) ········· 67,74
自己相似性 ······················ 53,54
昇華熱(heat of sublimation) ········· 3
振幅拡大係数 ······················ 25

す
図式解法 ··························· 69
スピノーダル分解
　(spinodal decomposition) ········ 11,23

せ
正拡散(down-hill diffusion) ········· 76
析出フロント ·················· 102,103

そ
相互拡散
　(inter diffusion) ················· 67
相対的配列 ························· 45
組織自由エネルギー ················· 1
組成傾斜時効法

119

（Macroscopic Composition Gradient
Method, MCG 法）・・・・・・・・・・・・・・・・・94

た
ダーケンの式・・・・・・・・・・・・・・・・・・・・・・・・74
弾性異方性係数・・・・・・・・・・・・・・・・・43, 46
弾性相互作用エネルギー・・・・・・・・・・・・・・45
　　半径の異なる粒子間の──・・・・・・・・56

ち
秩序-無秩序変態
　　（order-disorder transformation）・・・・・・4

と
等価介在物・・・・・・・・・・・・・・・・・・・・・・・・・・38

ね
熱力学的因子・・・・・・・・・・・・・・・・・・・・・・・・74
熱力学的要請・・・・・・・・・・・・・・・・・・・・・・・・67

の
濃度が連続的に変化する界面・・・・・・・・・・18

は
半径の異なる粒子間の弾性相互作用
　　エネルギー・・・・・・・・・・・・・・・・・・・・・・56

ひ
非加法（non-extensive）・・・・・・・・・・・・・115
非保存場の時間発展方程式・・・・・・・・・・・・84
非保存変数・・・・・・・・・・・・・・・・・・・・・・・・・・83

ふ
フィックの法則・・・・・・・・・・・・・・・・・・・・・・68
　　フィックの第 1 法則・・・・・・・・・・・・・・68
　　フィックの第 2 法則・・・・・・・・・・・・・・68
フェーズフィールド法・・・・・・・・・・・・・・・・81
不均質系
　　（inhomogeneous system）・・・・・・・・・・38
物質移動・・・・・・・・・・・・・・・・・・・・・・・・・・・・67
分岐図・・・・・・・・・・・・・・・・・・・・・・・・・・・・・・58

へ
平衡溶質濃度・・・・・・・・・・・・・・・・・・・104, 105

ほ
保存場の時間発展方程式・・・・・・・・・・・・・・84
保存変数・・・・・・・・・・・・・・・・・・・・・・・・・・・・83
　　非──・・・・・・・・・・・・・・・・・・・・・・・・・・83

ま
マクロ組成傾斜・・・・・・・・・・・・・・・・・・・・101
マタノ（俣野）・・・・・・・・・・・・・・・・・・・・・・69
マタノ界面
　　（Matano interface）・・・・・・・・・・・・・・69
まだら構造・・・・・・・・・・・・・・・・・・・・・・・・・・26

り
理想溶体（ideal solution）・・・・・・・・・・・・・3
粒径均一化領域・・・・・・・・・・・・・・・・・・・・・・62
臨界サイズ・・・・・・・・・・・・・・・・・・・・・・・・106

材料学シリーズ　監修者

堂山昌男
東京大学名誉教授
帝京科学大学名誉教授
Ph. D., 工学博士

小川恵一
元横浜市立大学学長
Ph. D.

北田正弘
東京芸術大学名誉教授
工学博士

著者略歴　宮﨑　亨（みやざき　とおる）

1960 年　名古屋工業大学卒業
1965 年　東北大学大学院工学研究科博士課程修了
東北大学金属材料研究所助手，名古屋工業大学助教授，
名古屋工業大学教授，副学長を経て名誉教授
工学博士
専門分野：相変態論，材料強度学
スピノーダル分解，組織自由エネルギー論，組織分岐理論，
組織シミュレーション，組成傾斜時効法などの開発

検印省略

2016 年 9 月 30 日　第 1 版発行

材料学シリーズ

材料の組織形成
材料科学の進展

著　者 © 宮　﨑　　亨
発行者　内　田　　学
印刷者　山　岡　景　仁

発行所　株式会社　内田老鶴圃　〒112-0012 東京都文京区大塚 3 丁目34番 3 号
電話（03）3945-6781（代）・FAX（03）3945-6782
http://www.rokakuho.co.jp/

印刷・製本／三美印刷 K. K.

Published by UCHIDA ROKAKUHO PUBLISHING CO., LTD.
3-34-3 Otsuka, Bunkyo-ku, Tokyo, Japan

U. R. No. 626-1

ISBN 978-4-7536-5644-8 C3042

材料組織弾性学と組織形成
フェーズフィールド微視的弾性論の基礎と応用
小山 敏幸・塚田 祐貴 著　A5・136 頁・本体 3000 円

材料設計計算工学 計算組織学編
フェーズフィールド法による組織形成解析
小山 敏幸 著　A5・156 頁・本体 2800 円

材料設計計算工学 計算熱力学編
CALPHAD 法による熱力学計算および解析
阿部 太一 著　A5・208 頁・本体 3200 円

TDB ファイル作成で学ぶ
カルファド法による状態図計算
阿部 太一 著　　A5・128 頁・本体 2500 円

3D 材料組織・特性解析の基礎と応用
シリアルセクショニング実験およびフェーズフィールド法からのアプローチ
新家 光雄 編／足立 吉隆・小山 敏幸 著　A5・196 頁・本体 3800 円

金属の相変態 材料組織の科学 入門
榎本 正人 著　A5・304 頁・本体 3800 円

再結晶と材料組織 金属の機能性を引きだす
古林 英一 著　A5・212 頁・本体 3500 円

材料における拡散 格子上のランダム・ウォーク
小岩 昌宏・中嶋 英雄 著　A5・328 頁・本体 4000 円

ポーラス材料学 多孔質が創る新機能性材料
中嶋 英雄 著　A5・288 頁・本体 4600 円

セル構造体 多孔質材料の活用のために
Gibson・Ashby 著／大塚 正久 訳
A5・504 頁・本体 8000 円

鉄鋼の組織制御 その原理と方法
牧 正志 著　A5・312 頁・本体 4400 円

鉄鋼材料の科学 鉄に凝縮されたテクノロジー
谷野 満・鈴木 茂 著　A5・304 頁・本体 3800 円

材料の速度論 拡散，化学反応速度，相変態の基礎
山本 道晴 著　A5・256 頁・本体 4800 円

入門 無機材料の特性
機械的特性・熱的特性・イオン移動的特性
上垣外 修己・佐々木 厳 共著　A5・224 頁・本体 3800 円

材料工学 材料の理解と活用のために
Ashby・Jones 著／堀内 良・金子 純一・大塚 正久 共訳
A5・488 頁・本体 5500 円

材料工学入門 正しい材料選択のために
Ashby・Jones 著／堀内 良・金子 純一・大塚 正久 訳
A5・376 頁・本体 4800 円

基礎から学ぶ 構造金属材料学
丸山 公一・藤原 雅美・吉見 享祐 共著　A5・216 頁・本体 3500 円

新訂 初級金属学
北田 正弘 著　　A5・292 頁・本体 3800 円

材料強度解析学 基礎から複合材料の強度解析まで
東郷 敬一郎 著　A5・336 頁・本体 6000 円

高温強度の材料科学 クリープ理論と実用材料への適用
丸山 公一 編著／中島 英治 著　A5・352 頁・本体 6200 円

基礎強度学 破壊力学と信頼性解析への入門
星出 敏彦 著　A5・192 頁・本体 3300 円

結晶塑性論 多彩な塑性現象を転位論で読み解く
竹内 伸 著　A5・300 頁・本体 4800 円

高温酸化の基礎と応用 超高温先進材料の開発に向けて
谷口 滋次・黒川 一哉 著　A5・256 頁・本体 5700 円

金属疲労強度学 疲労き裂の発生と伝ぱ
陳 玳珩 著　A5・200 頁・本体 4800 円

金属の疲労と破壊 破面観察と破損解析
Brooks・Choudhury 著／加納 誠・菊池 正紀・町田 賢司 共訳
A5・360 頁・本体 6000 円

合金のマルテンサイト変態と形状記憶効果
大塚 和弘 著　A5・256 頁・本体 4000 円

機能材料としてのホイスラー合金
鹿又 武 編著　A5・320 頁・本体 5700 円

アルミニウム合金の強度
小林 俊郎 編著　　A5・340 頁・本体 6500 円

粉末冶金の科学
German 著／三浦 秀士 監修／三浦 秀士・高木 研一 共訳　A5・576頁・本体9000円

水素脆性の基礎 水素の振るまいと脆化機構
南雲 道彦 著　A5・356 頁・本体 5300 円

金属学のルーツ 材料開発の源流を辿る
齋藤 安俊・北田 正弘 編　A5・336 頁・本体 6000 円

震災後の工学は何をめざすのか
東京大学大学院工学系研究科 編　A5・384 頁・本体 1800 円

表示価格は税別の本体価格です.　　　　　　http://www.rokakuho.co.jp/